专用于国家职业技能鉴定

国家职业资格培训教程

# 核设备无损检测工

## 射线检测

中国核工业集团有限公司人力资源部
中国核能电力股份有限公司
组织编写

中国原子能出版社

**图书在版编目（CIP）数据**

核设备无损检测工. 射线检测 / 中国核工业集团有限公司人力资源部，中国核能电力股份有限公司组织编写. —北京：中国原子能出版社，2021.3

国家职业资格培训教程

ISBN 978-7-5221-1298-5

Ⅰ. ①核… Ⅱ. ①中…②中… Ⅲ. ①核设施–射线检验–技术培训–教材 Ⅳ. ①TL75

中国版本图书馆 CIP 数据核字（2021）第 045146 号

**核设备无损检测工　射线检测**

---

**出版发行**　中国原子能出版社（北京市海淀区阜成路 43 号　100048）

**责任编辑**　刘东鹏

**责任校对**　冯莲凤

**责任印制**　赵　明

**印　　刷**　保定市中画美凯印刷有限公司

**经　　销**　全国新华书店

**开　　本**　787 mm×1092 mm　1/16

**印　　张**　10.375

**字　　数**　259 千字

**版　　次**　2021 年 3 月第 1 版　2021 年 3 月第 1 次印刷

**书　　号**　ISBN 978-7-5221-1298-5　　**定　价**　**74.00 元**

---

**网址：http://www.aep.com.cn**　　**E-mail：atomep123@126.com**

**发行电话：010-68452845**

国家职业资格培训教程

# 核设备无损检测工
# 射线检测

## 编审委员会

**主　任**　余剑锋

**副主任**　祖　斌

**委　员**　王安民　赵积柱　陈　桦　顾　健
霍颖颖　陈璐璐　周　伟　周汇东
聂　勇　蔡家藩　李　姝　陈　昱
张士军　刘玉山　何　石

**主　编**　聂　勇　杨崇安

**编　者**　左　畅　董　兴　余自力　刘轶群
张　涵

**主　审**　李祝松

**审　者**　周汇东　蔡全旺　沈德贵

# 前　　言

为推动核行业特有职业技能培训和职业技能鉴定工作的开展，在核行业特有职业从业人员中推行国家职业资格证书制度，在人力资源和社会保障部的指导下，中国核工业集团有限公司人力资源部组织有关专家编写了《国家职业资格培训教程——核设备无损检测工》（以下简称《教程》）。

《教程》以国家职业标准为依据，内容上力求体现“以职业活动为导向，以职业技能为核心”的指导思想，紧密结合实际工作需要，注重突出职业培训特色；结构上针对本职业的职业活动的领域，按照模块化的方式，针对核设备无损检测工职业领域特点，分别按超声、射线、涡流、泄漏、磁粉、渗透、目视七种无损检测方法各自成册。《教程》中的章对应于职业标准的“职业功能”，节对应 “工作内容”；每节包括“学习目标”“生产准备”“工艺操作”及“自检”等单元，涵盖了职业标准中的“技能要求”和“相关知识”的基本内容。此外，针对职业标准中的“基本要求”，还专门编写了《核设备无损检测工（基础知识）》一书，内容涉及：职业道德、专业基础知识、安全文明生产与环境保护知识、金属材料加工工艺及典型缺陷特征、质量管理知识和相关法律、法规知识等。

《教程》适用于核设备无损检测工的初级、中级、高级、技师、高级技师培训，是核设备无损检测工职业技能鉴定的指定辅导用书。

《教程》由聂勇、杨崇安、蔡军、周大禹、余荆生、夏建文、王卓巍、卢威、张运平、张涵、左畅、董兴、余自力、刘轶群、曾玉华、陈霞、黄晓锋、陈胜宇、李宜全、高谊、岳晓明、吕为、帅军、王金龙、吴海林、刘波、潘越峰等编写，由李祝松、周汇东、蔡全旺、沈德贵审核。《教程》由核动力运行研究所、中核建中核燃料元件有限公司和中核北方核燃料元件有限公司负责编写，核动力运行研究所统稿。

由于编者水平有限，时间仓促，加之科学技术的发展，教材中不足与错误之处在所难免，欢迎提出宝贵意见和建议。

**中国核工业集团有限公司人力资源部**

**中国核能电力股份有限公司**

# 目　　录

## 第一部分　射线检测的物理原理及技术基础

## 第二部分　射线检测操作技能



## 第三部分　核燃料元件射线检测操作

# 第一部分　射线检测的物理原理及技术基础

**学习目标**:初级工:了解射线检测的原理、物理基础知识和适用范围,熟悉射线检测设备的规格,并熟悉射线检测设备的使用方法和日常维护,能够依据工艺卡的要求进行射线检测,熟悉射线检测暗室处理设备的使用和暗室操作。能够识别射线检测底片上的缺陷,能够填写现场检测记录。了解核安全设备射线检测的通用要求,了解核安全设备管道焊缝、插套焊缝、主设备对接焊缝的检测要求。

中级工:熟悉射线检测的原理、物理基础知识和适用范围,掌握射线检测设备的使用方法和日常维护,能够依据检测规程进行射线检测,掌握射线检测暗室处理设备的使用和暗室操作。能够判断射线检测底片上的缺陷,能够填写现场检测记录。熟悉核安全设备射线检测的通用要求,熟悉核安全设备管道焊缝、插套焊缝、主设备对接焊缝的检测要求,了解大径厚壁管焊缝层间射线检测技术要求。

高级工:熟悉射线检测的原理、物理基础知识和适用范围,掌握射线检测设备的使用方法和日常维护,能够依据检测规程进行射线检测,掌握射线检测工艺卡的编制要求,熟悉核设备相关无损检测标准和规范;熟悉射线检测系统的工作原理、操作方法和维护保养知识;掌握射线检测暗室处理设备的使用和暗室操作。了解产品缺陷产生机制、特征与评定方法;掌握底片评定方法,掌握射线检测报告的编制。掌握核安全设备射线检测的通用要求,掌握核安全设备管道焊缝、插套焊缝、主设备对接焊缝、大径厚壁管焊缝层间射线检测和铸钢件的射线检测技术要求。

技师:熟悉射线检测的原理、物理基础知识和适用范围,掌握射线检测设备的使用方法和日常维护;熟悉核设备相关无损检测标准和规范;掌握射线检测规程、工艺卡、检测报告的编制方法;掌握核设备相关无损检测标准和规范应用;掌握射线检测系统的工作原理、操作方法和维护保养知识;掌握射线检测暗室处理设备的使用和暗室操作技术。熟悉产品缺陷产生机制、特征与评定方法;掌握底片评定方法,掌握射线检测报告的编制。了解射线检测的新工艺、新方法;掌握核安全设备射线检测的通用要求,掌握核安全设备管道焊缝、插套焊缝、主设备对接焊缝、大径厚壁管焊缝层间射线检测和铸钢件、贯穿件焊缝、蒸汽发生器接管预堆边焊缝射线检测技术要求。

高级技师:熟悉射线检测的原理、物理基础知识和适用范围,掌握射线检测设备的使用方法和日常维护;熟悉核设备相关无损检测标准和规范;掌握射线检测规程、工艺卡、检测报告的编制方法;掌握核设备相关无损检测标准和规范应用;掌握射线检测系统的工作原理、操作方法和维护保养知识;掌握射线检测暗室处理设备的使用和暗室操作技术。熟悉产品缺陷产生机制、特征与评定方法;掌握底片评定方法,掌握射线检测报告的编制。熟悉射线检测的新工艺、新方法;全面掌握核安全设备射线检测的技术要求。

# 第一章　射线检测的物理基础

## 第一节　射线检测工作原理

射线检测是工业无损检测的一个重要专业门类。射线检测是利用射线可穿透物质和在物质中有衰减特性来发现缺陷的一种检测方法。它可以检测金属和非金属材料及其制品的内部缺陷，如焊缝中的气孔、夹渣、裂纹、未焊透等。在民用核安全设备制造、安装和运行过程中，射线检测由于具有其缺陷显示直观、准确以及得到的射线底片可用于缺陷的分析和作为质量凭证永久存档等优越性得到了广泛的应用。

### 一、射线检测工作原理

按照不同特征（例如，使用的射线种类、记录的器材、工艺和技术特点等）可将射线检测分为多种不同的方法。本教材的主要内容是射线照相法。射线照相法是指用 X 射线或 γ 射线穿透工件，以胶片作为记录信息器材的无损检测方法，该方法是最基本、应用最广泛的一种射线检测方法。

射线照相法的原理是，射线在穿透物体过程中会与物质发生相互作用，因吸收和散射而使其强度衰减，衰减程度取决于物质的衰减系数和射线在物质中穿越的厚度。如果被透照试件的内部存在缺陷，该区域的透过射线强度就会与周围产生差异。把胶片放在适当位置使其在透过射线的作用下感光，经暗室处理后得到底片，底片上相应部位就会出现黑度差异。把底片放在观片灯上借助透过光线观察，分析、判断缺陷情况，根据相关标准评价试件质量。

### 二、射线的种类

射线是具有一定穿透物体能力的辐射。一般的，射线可以分为两类，一类是电磁辐射，另一类是粒子辐射。

电磁辐射本质上是电磁波，是在空间传播的光（量）子流，与可见光在本质上完全相同。电磁辐射与物质的作用是光子与物质的相互作用。光子不带电荷，静止质量为零，在真空中沿直线以光速传播。常见的电磁辐射类射线有 X 射线和 γ 射线。

粒子辐射是指各种粒子射线，如 α 粒子、β 粒子、质子、电子、中子等，它们都属于粒子辐射。这些粒子都具有确定的静止质量，与物质的相互作用是粒子与物质的作用。

1. 电子射线和 β 射线

电子射线和 β 射线都是由电子组成的，电子射线是利用加速器或者其他高压电场加速电子获得的，而 β 射线是放射性同位素在 β 衰变过程中从原子核内发出的。

2. 质子射线和 α 射线

质子射线和 α 射线都是带正电的粒子流，质子射线可通过加速器获得。α 射线是放射性

同位素在 α 衰变过程中从原子核内发出的，α 粒子就是氦的原子核。

3. 中子射线

中子射线是一束中子流。可以通过放射性同位素，加速器或核反应堆获得中子射线。

4. X 射线和 γ 射线

X 射线由高速运动电子的韧致辐射过程产生，即电子接近原子核时，与原子核的电场作用，发生偏转、急剧减速，其动能转化为电磁辐射，产生连续谱 X 射线。

γ 射线是放射性同位素的原子核发生衰变过程中，处于激发态的核在向低能级的激发态或基态跃迁过程中产生的辐射。γ 射线是波长很短的电磁波，为线状谱射线。

上述各种射线中，质子射线和 α 射线，电子射线和 β 射线均属带电粒子组成的射线，它们对物质的穿透能力很弱，例如能量为 4 MeV 的 α 粒子，在空气中的射程仅 2.5 cm，而同样能量的 β 粒子，射程也仅为 15 cm，所以不能用来检测材料的内部缺陷。

X 射线和 γ 射线均不带电，对物质具有很强的穿透能力，是目前工业射线检测的主要手段。中子射线与物质的相互作用明显不同于 X 射线和 γ 射线，它容易穿透高原子序数的材料而难于穿透低原子序数的材料，因此中子射线检测适用于一些特殊场合。

本教材主要内容是以 X 射线和 γ 射线为手段的射线检测。在以下章节中，凡未指明种类的射线均是指 X 射线和 γ 射线。

## 三、X、γ 射线的实质和性质

X 射线和 γ 射线与无线电波、红外线、可见光、紫外线等属于同一范畴，都是电磁波、光子流，其区别只是在于波长不同，以及产生方法不同，因此 X 射线和 γ 射线具有电磁波的共性，同时也具有不同于可见光和无线电波等其他电磁辐射的特性。X 射线和 γ 射线是波长很短的电磁波，它们的光子能量远大于可见光，所以在性质上与可见光存在明显的不同。

电磁波的波长 $\lambda$ 和频率以及波速 $c$ 的关系式为

$$\lambda = c / \nu \tag{1-1}$$

光子的能量与频率的关系为

$$E = h\nu = hc / \lambda \tag{1-2}$$

式中，$c$——电磁波的波速，$c=3\times10^{8}$ m/s；

$h$——普朗克常数，$h=6.626\times10^{-34}$ J·s；

$\nu$——电磁波的频率，Hz；

$\lambda$——电磁波的波长，m；

$E$——光子的能量，J。

由上式可知，X、γ 射线光子的能量与频率成正比，与波长成反比。频率越高，波长越短，光子的能量就越高，其线质就越硬，穿透能力也就越强。

各种电磁波的频率和波长范围见表 1-1。

**表 1-1　各种电磁波频率和波长范围**

| 电磁波种类 | 频率/Hz | 波长/m |
|---|---|---|
| 无线电波 | $10^{4}\sim10^{12}$ | $3\times10^{4}\sim3\times10^{-4}$ |

续表

| 电磁波种类 | 频率/Hz | 波长/m |
|---|---|---|
| 红外线 | $10^{12}$～$3.9\times10^{14}$ | $3\times10^{-4}$～$7.8\times10^{-7}$ |
| 可见光 | $3.9\times10^{14}$～$7.7\times10^{14}$ | $7.8\times10^{-7}$～$3.9\times10^{-7}$ |
| 紫外线 | $7.7\times10^{14}$～$3\times10^{16}$ | $3.9\times10^{-7}$～$1\times10^{-8}$ |
| X射线 | $3\times10^{16}$～$5\times10^{20}$ | $1\times10^{-8}$～$6\times10^{-13}$ |
| γ射线 | $3\times10^{18}$～$10^{21}$ | $1\times10^{-10}$～$3\times10^{-13}$ |

X射线和γ射线具有以下性质：

(1) 在真空中以光速直线传播。

(2) 本身不带电，不受电场和磁场的影响。

(3) 在媒质界面可以发生反射和折射，但X射线和γ射线只能发生漫反射，而不能像可见光那样产生镜面反射。X射线和γ射线的折射系数非常接近于1，所以折射的方向改变不明显。

(4) 可以发生干涉和衍射现象，但只能在非常小的，例如晶体组成的光栅中才能发生这种现象。

(5) 不可见，能够穿透可见光不能穿透的物质。

(6) 在穿透物质过程中，会与物质发生复杂的物理和化学作用，例如电离作用、荧光作用、热作用，以及光化学作用等。

(7) 具有辐射生物效应，能够杀伤生物细胞，破坏生物组织。

## 四、X射线的产生及其特点

1. X射线的产生

X射线是在X射线管中产生的，X线管是一个具有阴阳两极的真空管，阴极是钨丝，阳极是金属制成的靶。在阴阳两极之间加有很高的直流电压(管电压)，当阴极加热到白炽状态时释放出大量电子，这些电子在高压电场中被加速，从阴极飞向阳极(管电流)，最终以很大速度撞击在金属靶上，失去所具有的动能，这些动能绝大部分转换为热能，仅有极少一部分转换为X射线向四周辐射。

产生X射线必须具备以下三个条件：

(1) 具有足够数量的自由电子；

(2) 使电子做定向运动，形成高速电子流；

(3) 设障碍物(靶)，使高速电子突然受阻。

X射线是高速电子撞击阳极靶突然受阻放出的一种波长很短的电磁波。

2. X射线谱

对X射线管发出的X射线做光谱测定，可以发现X射线谱由两部分组成，一个是波长连续变化的部分，称为连续谱，它的最小波长只与外加电压有关。另一部分具有分立波长的谱线，这部分谱线要么不出现，一旦出现它的峰所对应的波长位置完全取决于靶材料本身，这部分谱线称为标识谱，又称特征谱，标识谱重叠在连续谱之上，如同山丘上的宝塔(图 1-1)。

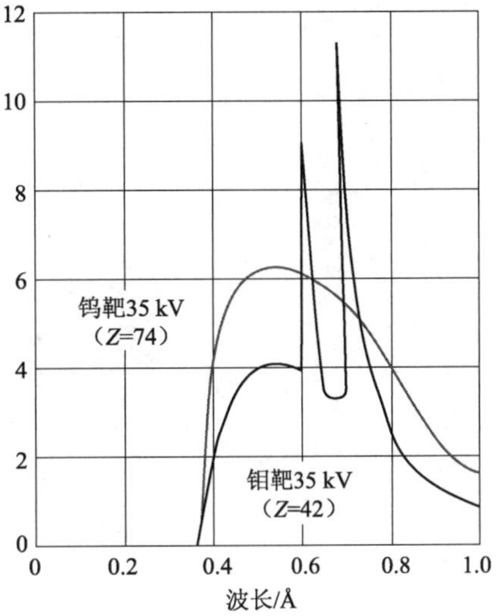

图 1-1　X 射线谱

(1) 连续谱的产生和特点

经典电动力学指出，带电粒子在加速或减速时必然伴随着电磁辐射，当带电粒子与原子相碰撞(更确切地说是与原子核的库仑场相互作用)发生骤然减速时，由此伴随产生的辐射称为轫致辐射。

大量电子(例如当管电流为 5 mA 时，撞出到靶上的电子数目约为 $3\times10^{15}$ 个)与靶相撞，减速过程各不相同，少量电子经一次撞击就失去全部动能，而大部分电子经过多次制动逐步丧失动能，这就使得能量转换过程中所发出的电磁辐射可以具有各种波长，因此 X 射线的波谱呈连续分布。

连续谱存在着一个最短波长 $\lambda_{min}$，其数值只依赖于外加电压 $V$ 而与靶材料无关，如果一个电子在电场中得到动能 $E=eV$，与靶一次撞击这些动能全部转换为辐射能，则辐射的波长可按下式计算。

$$E = eV = h\nu = hc / \lambda \tag{1-3}$$

$$\lambda_{min} = \frac{hc}{eV} = \frac{12.4\times10^{-7}}{V} = \frac{12.4}{V}(\text{Å}) \tag{1-4}$$

式中，$h$——普朗克常数 $h=6.626\times10^{-34}$ J·S；

$c$——光速 $c=3\times10^{2}$ m/s；

$e$——电子电量 $e=1.6\times10^{-19}$ C；

$V$——管电压单位，kV。

由上式可知，X 射线的管电压越高，X 射线的最短波长越短，其能量就越高，穿透能力也就越强。

连续谱中最大强度对应的波长 $\lambda_{IM}=1.5\lambda_{min}$，在实际检测中，以最大强度波长 $\lambda_{IM}$ 为中心的邻近波段的射线起主要作用。

连续 χ 射线的总强度 $I_T$ 可用连续谱曲线下所包含的面积表示，即：

$$I_T = \int_{\lambda_{min}}^{\infty} I(\lambda)\,d\lambda \tag{1-5}$$

试验证明，$I_T$ 与管电流 $i$(mA)，管电压 $V$(kV)、靶材料原子序数 $Z$ 有以下关系：

$$I_T=K_i iZV^2 \tag{1-6}$$

式中，$K_i$——比例常数，$K_i\approx(1.1\sim1.4)\times10^{-6}$。

连续 X 射线的总强度 $I_T$ 与管电流 $i$(mA)成正比，与管电压 $V$(kV)的平方成正比。参见图 1-2。连续 X 射线的总强度 $I_T$ 与靶材料原子序数 $Z$ 有关，靶材料的原子序数越高，$I_T$ 越大，所以靶一般采用高原子序数的钨制作。

管电流越大，表明单位时间撞击靶的电子数越多，产生的射线强度也越大；管电压增加时，虽然电子数目未变，但每个电子所获得的能量增大，因而短波成份射线增加，且碰撞发生的能量转换过程增加，因此射线强度同时增加；靶材料的原子序数越高，核库仑场越强，韧致辐射作用越强，射线强度也会增加，所以靶一般采用高原子序数的钨制作。上述关系可参见图 1-1 和图 1-2。

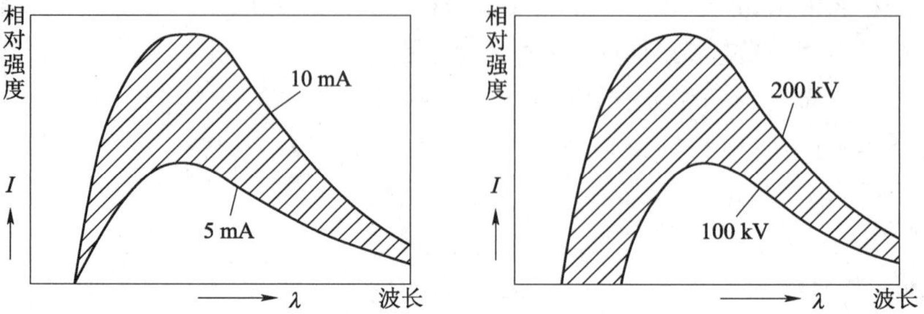


(a)　　　　(b)

图 1-2　X 射线谱

(a) 不同管电流；(b) 不同管电压

由于输入的能量的绝大部分转换为热能，所以 X 射线管必须有良好的冷却装置，以保证阳极不被烧坏。

(2) 标识谱的产生和特点

当 X 射线管两端所加的电压超过某个临界值 $V_K$ 时，波谱曲线上除连续谱外，还将在特定波长位置出现强度很大的线状谱线，这种线状谱的波长只依赖于阳极靶面的材料，而与管电压和管电流无关，因此，把这种标识靶材料特征的波谱称为标识谱，$V_K$ 称为激发电压。不同靶材的激发电压各不相同，例如图 1-1 中，管电压 35 kV 时，低于钨的激发电压（$V_K$=69.3 kV）高于钼的激发电压（$V_K$=20.0 kV），所以，钼靶的波谱上有标识谱而钨靶的波谱上没有标识谱。

标识谱的产生机理是：如果 X 射线管的管电压超过 $V_K$，阴极发射的电子可以获得足够的能量，它与阳极靶相撞时，可以把靶原子的内层电子逐出壳层之外，使该原子处于激发态。此时外层电子将向内层跃迁，同时放出一个光子，光子的能量等于发生跃迁的两能级能值之差。$K_\alpha$ 标识射线是 L 层电子跃迁至 K 层放出的，$K_\beta$ 标识射线则是Ⅳ层电子跃迁至 K 层放出的[redacted]L、M 等各壳层也可发生标识辐射，但其能量小，通常被 X 射线管管壁吸收，所以 X 射线波谱中最常见的是 K 系标识谱。

标识 X 射线强度只占 X 射线总强度极少一部分，能量也很低，所以在工业射线检测中，标识谱不起什么作用。

## 五、γ 射线的产生及其特点

质子数相同，中子数不同，在元素周期表中占有同一位置的元素称为同位素。同位素有稳定与不稳定之分，一般不稳定同位素能自发放出某种射线，称为放射性同位素。人们把某些元素自发放出的穿透能力很强的射线称为 γ 射线。γ 射线是放射性同位素经过 α 衰变或 β 衰变后，从激发态向稳定态过渡的过程中，从原子核内发出的，这一过程称作 γ 衰变，又称 γ 跃迁。γ 跃迁是核内能级之间的跃迁，与原子的核外电子的跃迁一样，都可以放出光子，光子的能量等于跃迁前后两能级能值之差。不同的是，原子的核外电子跃迁放出的光子能量在电子伏到千电子伏之间。而核内能级的跃迁放出的 γ 光子能量在千电子伏到十几兆电子伏。

以放射性同位素 $^{60}Co$ 为例，$^{60}Co$ 经过一次 $\beta^-$衰变成为处于 2.5 MeV 激发态的 $^{60}Ni$，随后放出能量分别为 1.17 MeV 和 1.33 MeV 的两种 γ 射线而跃迁到基态。

γ 射线的能量是由放射性同位素的种类所决定的。一种放射性同位素可能放出许多种能量的γ射线，对此取其所辐射出的所有能量的平均值作为该同位素的辐射能量。例如 $^{60}Co$ 的平均能为(1.17+1.33)/2=1.25 MeV。

γ 射线的光谱称为线状谱，谱线只出现在特定波长的若干点上，如图 1-3。

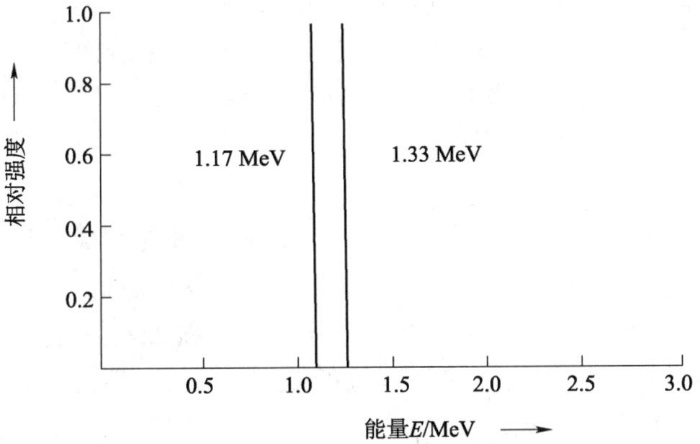


图 1-3　$^{60}Co$ γ 射线的线状能谱

放射性同位素的原子核衰变是自发进行的，对于任意一个放射性核，它何时衰变具有偶然性，不可预测，但对于足够多的放射性核的集合，它的衰变规律服从统计规律，是十分确定的。

设 $t$=0 时原子核的数目为 $N_0$，则经过时间 $T$ 衰变后存在的原子核数 $N$，有

$$N = N_0 e^{-\lambda T} \tag{1-7}$$

$\lambda$是比例系数，称作衰变常数，即放射性同位素的衰变服从指数规律。

衰变常数$\lambda$反映了放射性物质的固有属性，$\lambda$值越大，说明该物质越不稳定，衰变得越快。放射性物质的半衰期与物质的种类有关。

放射性同位素衰变掉原有核数一半所需时间，称为半衰期，用 $T_{1/2}$表示。当 $t=T_{1/2}$时，$N=N_0/2$，由(1-7)式可得

$$N_0 / 2 = N_0 e^{-\lambda T_{1/2}}$$

$$T_{1/2} = \frac{\ln 2}{\lambda} = \frac{0.693}{\lambda} \tag{1-8}$$

$T_{1/2}$也反映了放射性物质的固有属性，$\lambda$越大，$T_{1/2}$越小。

**例 1-1：**已知 $^{60}Co$ 放射性同位素的半衰期为 5.3 年，其衰变常数是多少？8 年后其放射强度衰变到初始强度的百分之几？

**解：**由(1-8)式 $T_{1/2}=0.693/\lambda$

得$\lambda=0.693/T_{1/2}=0.693/5.3=0.131$/年

由(1-7)式 $N=N_0e^{-\lambda T}$

得 $N/N_0=e^{-0.131\times 8}=0.35$

**答:**$^{60}$Co 的衰变常数为 0.131/年,8 年后其放射强度衰变到初始强度的 35%。

# 第二节 射线检测适用范围和特点

## 一、射线检测适用范围

射线照相法在核安全设备的制造、安装检测和在役检测中得到广泛的应用,它适宜的检测对象是各种熔化焊接方法(电弧焊、气体保护焊、电渣焊、气焊等)的对接接头。也适宜检测铸钢件,特殊情况下也可用于检测角焊缝或其他一些特殊结构试件。它不适宜钢板、钢管、锻件的检测,也不适宜钎焊,摩擦焊等焊接方法的接头的检测。

## 二、射线检测的优点

射线检测的优点:有记录介质,可以直接得到缺陷的直观图像,且可以长期保存。通过观察底片能够比较准确地判断出缺陷的性质,能确定缺陷平面投影的位置、大小;射线照相法检测薄工件没有困难,几乎不存在检测厚度下限。射线照相法适用于几乎所有材料,在钢、钛、铜、铝等金属材料上使用均能得到良好的效果,它对试件的形状、表面粗糙度没有严格要求,材料晶粒度对其影响不大。

## 三、射线检测的局限性

射线检测的局限性:难以检出垂直照射方向的薄层缺陷,例如钢板的分层;检测厚度上限受射线穿透能力的限制。而穿透能力取决于射线光子能量。420 kV 的 X 射线机能穿透的钢厚度约 80 mm,$^{60}$Co 射线穿透的钢厚度约 150 mm。更大厚度的试件则需要使用特殊的设备——加速器,其最大穿透厚度可达到 500 mm;射线照相法检测成本较高,检测速度不快。射线对人体有伤害,需要采取防护措施。

# 思考题

1. 简述射线检测的工作原理。
2. X、γ 射线的实质是什么?在射线检测中应用了 X、γ 射线的哪些基本性质?
3. 什么是同位素?
4. X 射线的管电压和管电流对射线的穿透能力和强度有何影响?
5. γ 射线是怎样产生的?
6. 什么是放射性和放射性物质的衰变?
7. 什么是放射性物质的半衰期?它与哪些因素有关?
8. 简述射线检测的特点和局限性?

# 第二章　射线检测设备与器材

## 第一节　X 射线机

### 一、X 射线机的分类

X 射线机按照其外形结构、使用功能、工作频率及绝缘介质种类等可以分为以下几种。

1. 按结构划分

携带式 X 射线机:这是一种体积小、重量轻、便于携带,适用于高空、野外作业的 X 射线机。

移动式 X 射线机:这是一种体积和重量都比较大,安装在移动小车上,用于固定或半固定场合使用的 X 射线机。

2. 按用途划分

定向 X 射线机:这是一种普及型、使用最多的 X 射线机,其机头产生的 X 射线发射方向为 40° 左右的圆锥角,一般用于定向单张摄片。

周向 X 射线机:这种 X 射线机产生的 X 射线束是 360° 方向辐射,主要用于大口径管道和容器环形焊缝摄片。

管道爬行器:这是为了解决很长的管道环焊缝摄片而设计生产的一种 X 射线机,该机由电缆控制,利用拍片处焊缝外放置一个小的同位素 γ 射线源进行跟踪定位,使 X 射线机在管道内爬行到预定位置进行摄片,辐射角大多为 360° 方向。

3. 按频率划分

按供给 X 射线管高压部分交流电的频率可分为工频(50～60 Hz)X 射线机和变频(300～800 Hz)X 射线机,以及高频(＞5 kHz)X 射线机。

4. 按绝缘介质种类划分

可分为绝缘介质为变压器油的油绝缘 X 射线机和绝缘介质为 $SF_6$ 的气绝缘 X 射线机。

### 二、X 射线管

X 射线管是 X 射线机的核心部件,熟悉它的内部结构和技术性能,有助于检测人员正确使用和操作 X 射线检测设备,延长其使用寿命。

1. X 射线管的结构和种类

(1) 普通 X 射线管

普通 X 射线管的基本结构是一个真空度为 $1.33\times10^{-4}$～$1.33\times10^{-5}$ Pa($10^{-5}$～$10^{-7}$ mmHg)的二极管,由一个阴极(即灯丝)、一个阳极(即金属靶)和保持其真空度的玻璃外壳构成。如图 2-1 所示。

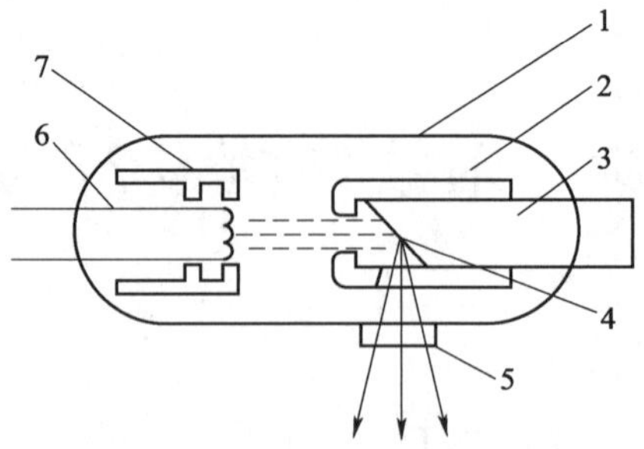


图 2-1　X 射线管示意图

1—玻璃外壳;2—阳极罩;3—阳极体;4—阳极靶;5—窗口;6—灯丝;7—阴极罩

阴极:X 射线管的阴极是发射电子和聚集电子的部件,它由发射电子的灯丝(一般用钨制作)和聚焦电子的凹面阴极头(用铜制作)组成。阴极形状可分为圆焦点和线焦点两大类,圆焦点的阴极的灯丝绕成平面螺旋形,装在井式凹槽阴极头内,线焦点阴极的灯丝绕成螺旋管形,装在阴极头的条形槽内。如图 2-2 所示。

阴极的工作情况是:当阴极通电后,灯丝被加热、发射电子,阴极头上的电场将电子聚集成一束,在 X 射线管两端高压所建立的强电场作用下,飞向阳极,轰击靶面,产生 X 射线。

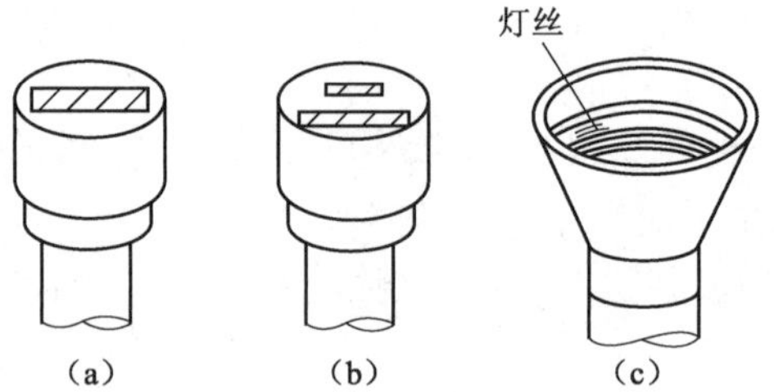


图 2-2　X 射线管的阴极

(a) 线焦点阴极;(b) 双线焦点阴极;(c) 圆焦点阴极

阳极:X 射线管的阳极是产生 X 射线的部分,它由阳极靶、阳极体和阳极罩三部分构成,如图 2-3 所示。

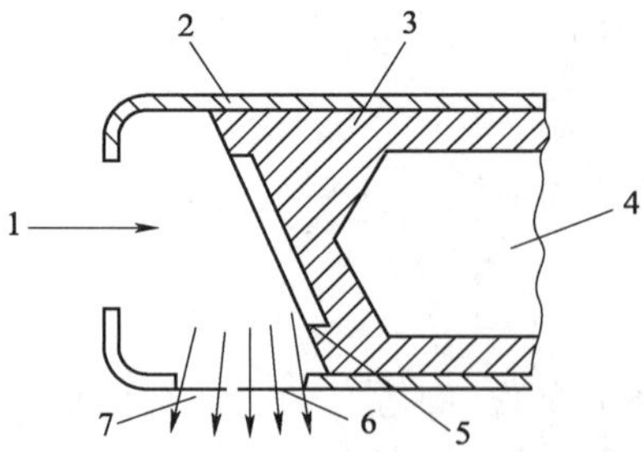


图 2-3　X 射线管的阳极

1—电子入射方向;2—阳极罩;3—阳极体;4—冷却油空腔;5—阳极靶;6—窗口;7—射线束

由于高速运动的电子撞击阳极靶时只有约 1%的动能转换为 X 射线,其他绝大部分均转化为热能,使靶面温度升高,同时 X 射线的强度与阳极靶材的原子序数有关,所以一般工业用 X 射线管的阳极靶常选用原子序数大、耐高温的钨来制造,软 X 射线管则选用钼靶。阳极体的作用是支承靶面，传送靶上的热量、避免钨靶烧坏，因此阳极体采用导热率大的无氧铜制成。

从阴极飞出的电子在撞击阳极靶时，会产生大量的二次电子，如落到X射线管的玻璃壳内壁上成为表面电荷，将对飞向阳极的电子束产生不良影响，用铜制的阳极罩可以吸收这些二次电子，防止这种影响。阳极罩的另一作用是吸收一部分散乱射线。

在阳极罩正对靶面的斜面处开有能使X射通过的窗口，其上常装有几毫米厚的铍。

由于X射线管能量转换率很低，阳极靶接受电子轰击的能量约有99%转换为热能，因此X射线管在工作中阳极的冷却十分重要。如冷却不及时，阳极过热会排出气体、降低管子的真空度；严重时可以将靶面熔化以至龟裂脱落，使整个管子丧失工作能力。

外壳：普通X射线管的外壳用耐高温的玻璃制成，阴极导线从阴极端部均穿过管壁引出，穿透玻璃壁的金属要求和玻璃有一样的膨胀系数。为了使阴极端部和玻璃相接处不漏气，与玻璃壁接触的金属要求和玻璃有一样的膨胀系数，解决这一问题的办法是采用一种特殊的称为科瓦的铁镍钴合金。

(2) 金属陶瓷管

由于用玻璃作外壳材料制成的X射线管对过热和机械冲击都很敏感，因此在20世纪70年代开发出性能优越的金属陶瓷管。

这种射线管有很多特点：

1) 抗震性强，一般不易破碎。

2) 管内真空度高，各项电性能好，管子寿命长。

3) 容易焊装铍窗口。

4) 250 kV以上的管子尺寸可以做得比玻璃管小很多。

图2-4～图2-6所示为三种不同电压等级的金属陶瓷管。

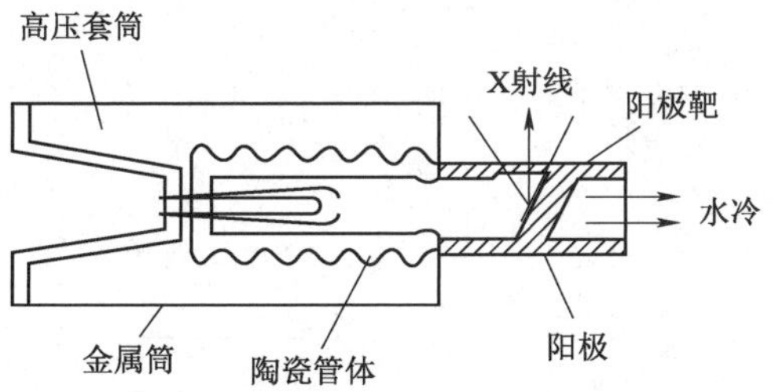


图2-4　100～160 kV金属陶瓷X射线管

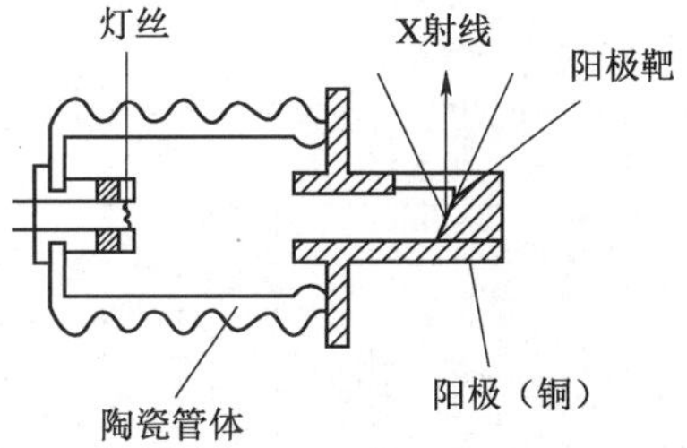


图2-5　200～300 kV金属陶瓷X射线管

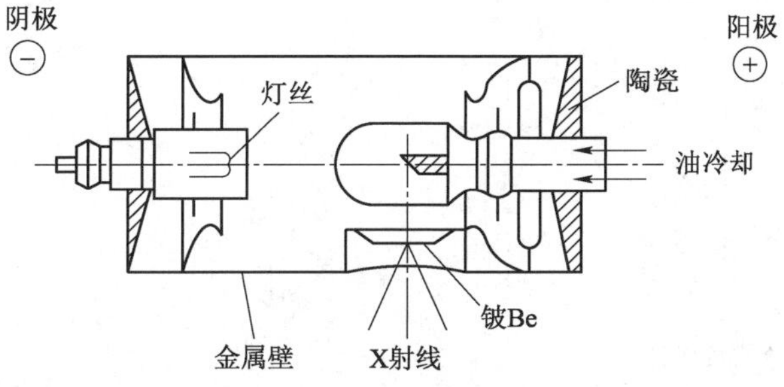


图2-6　320～470 kV金属陶瓷X射线管

(3) 特殊用途的X射线管

1) 周向辐射X射线管

这种X射线管可以通过一次曝光完成大直径筒体环焊缝整个圆周的曝光,从而大大提高了工作效率。它的阳极靶有平面阳极和椎体阳极两种,如图2-7所示。其中平面阳极制造容易,散热条件好,使用较多,但其射线束中心有倾角,对环焊缝纵向裂纹的检测有一定影响。

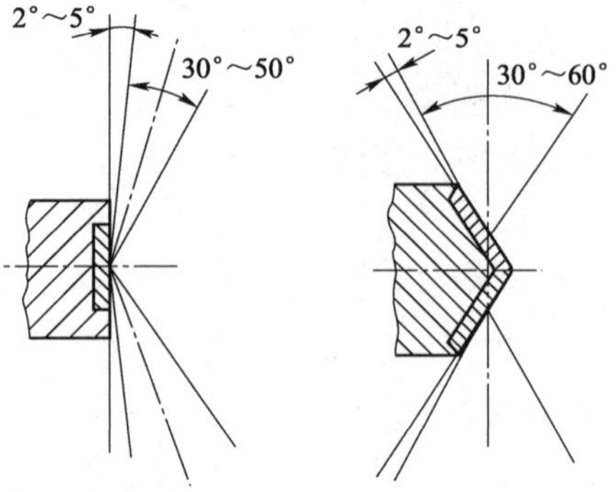


图2-7 周向辐射X射线管阳极靶

2) 小焦点X射线管

这种X射线管通过圆筒式聚焦栅将灯丝发射的电子束聚成很细的一束,可获得小于0.1 mm微小焦点。在射线实时成像检测技术中为提高灵敏度,通常采用放大透照布置,就需要小焦点的X射线管,放大倍数的选择与X射线管焦点尺寸有关,射线源尺寸越小,可选用的放大倍数越大。

3) 棒阳极X射线管

这种X射线管的阳极制成棒状,可伸进小直径筒内对环焊缝作周向曝光。一种典型产品的尺寸是:X射线管总长280 mm,最大直径100 mm,棒状阳极外径33 mm,长49 mm,额定电压160 kV,额定电流6 mA。

2. X射线管的技术性能

(1) 阴极特性

金属热电子发射与发射体的温度关系极大。假定在一定的管电压下,X射线管阴极发出的电子全部射到阳极上,则饱和电流密度与温度的关系(即X射线管的阴极特性)如图2-8表示。

(2) 阳极特性

阳极特性即X射线管的管电压与管电流的关系,如图2-9所示。

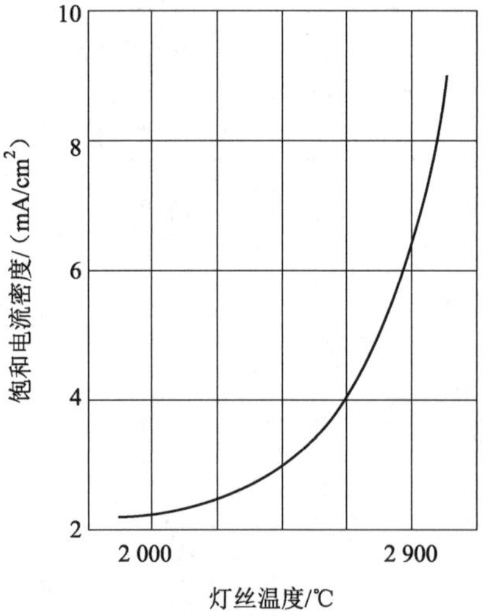


图2-8 管电流与灯丝温度的关系曲线

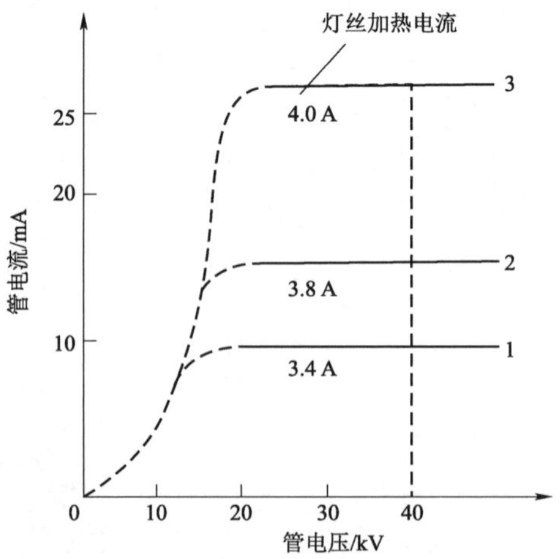


图2-9 X射线管电流与管电压的关系曲线

从图中可以看到，在管电压较低时（10～20 kV），X 射线管的管电流是随管电压增加而增大，当管电压增加到一定程度后，管电流不再增加而趋于饱和；这说明在某一恒定的灯丝加热电流下，阴极发射的热电子已经全部到达了阳极，再增加管电压亦不可能再增加管电流，也就是说，工业检测用的 X 射线管是工作在电流饱和区，因此，在某一恒定电压下工作的饱和区的 X 射线管，要改变管电流，只有改变灯丝的加热电流（即灯丝的温度）。

通过对图 2-8、图 2-9 二个特性的分析，可以得出如下结论：X 射线管的管电流和管电压在升高压过程中可以相互独立进行调节。

（3）X 射线管的管电压

X 射线管的管电压是指它的最大峰值电压，一般都以（kVp）表示，但在电功测量中，表头指示的是有效值。

对于正弦波：$U_{有效值}$=0.707 峰值。如一额定管电压为 200 $kV_p$ 的 X 射线管折算为有效值应为 200×0.707=141.4 kV。必须注意的是，所有 X 射线管的管电压都以峰值表示，测试中不允许超过，否则容易击穿而损坏。

X 射线管的管电压是管子的重要技术指标，管电压越高，发射的 X 射线的波长越短，穿透工件能力就越强。在一定范围内、管电压与穿透能力有近似直线关系，如图 2-10 所示。

（4）X 射线管的焦点

X 射线管的焦点是 X 射线管重要技术指标之一，其数值大小直接影响照相灵敏度。

X 射线管焦点的尺寸大小主要取决于 X 射线管阴极灯丝的形状和大小，使用的管电压和管电流对焦点大小也有一定影响。

阳极靶被电子撞击的部分叫做实际焦点，如图 2-11 所示。

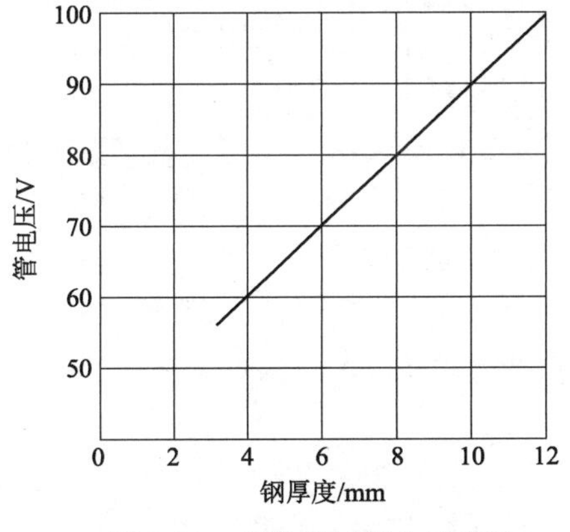


图 2-10　射线穿透能力示意图

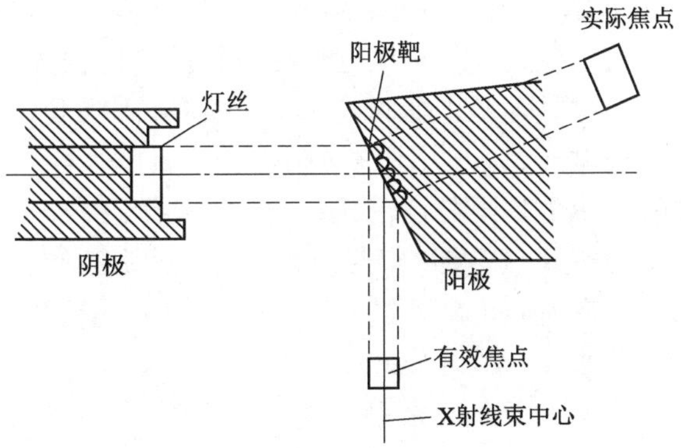


图 2-11　实际焦点和有效焦点

焦点大、有利于散热，可通过较大的管电流。焦点小，透照灵敏度高，底片清晰度好。

实际焦点垂直于管轴线上的正投影叫做有效焦点，探伤机说明书提供的焦点尺寸就是有效焦点。它的形状有三种：圆焦点（用直径表示），长方形焦点[用（长+宽）/2 表示]和正方形焦点（用边长表示）。

对斜靶定向 X 射线管，有效焦点的面积 $S_0$ 与实际焦点 $S$ 的关系表示为 $S_0=S\cdot\sin\alpha$。一般斜靶的 X 射线管阳极靶与管轴线垂直方向成 20° 的倾斜角、所以有效焦点尺寸大约是实际焦点尺寸的三分之一。

(5) 辐射场的分布

定向 X 射线管的阳极靶与管轴线方向呈 20°的倾角,因此,发射的 X 射线束有 40°左右的立体角、X 射线的强度随角度不同有一定差异,用伦琴计测量,射线强度有如图 2-12 所示的分布。

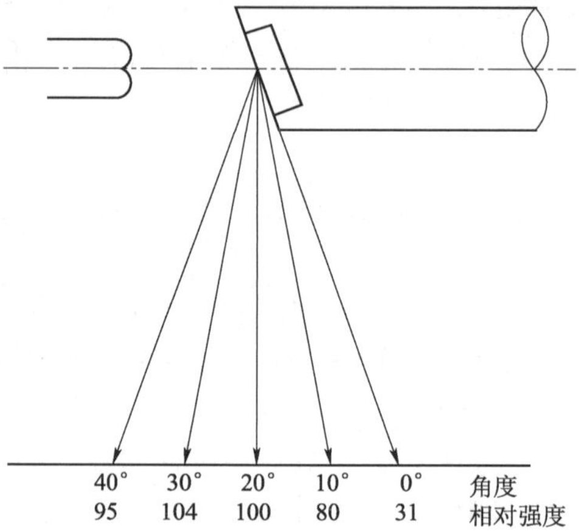


图 2-12 不同角度上 X 射线的强度分布

从图中可以看到,阴极侧比阳极侧射线强度高,在大约 30°辐射角处射线强度最大。但实际上由于阴极侧射线中包含着较多的软射线成分,所以对具有一定厚度的试件照相,阴极侧部位的底片并不比阳极侧更黑,利用阴极侧射线照相也并不能缩短多少时间。

(6) X 射线管的真空度

X 射线管必须在高真空度($10^{-7}$～$10^{-6}$ mmHg)才能正常工作,故在使用时要特别注意,不能使阳极过热。阳极过热时会释放气体,降低 X 射线管的真空度,严重时击穿 X 射线管。实际情况是金属也能吸收一部分气体,即当管内某些部分受电子轰击放出气体的同时,气体将会被电离,其正离子飞向阴极,撞击灯丝溅散金属会吸收一部分气体。这两个过程在 X 射线管工作中是同时存在的,达到平衡时就决定了此时 X 射线管的真空度。

当气体放电时,会影响电子发射,从而使管电流减少,也可能严重放电,造成管电流突增。因此对新出厂的或长期不使用的 X 射线机应经严格训机后才能正式使用。

(7) X 射线管的寿命

X 射线管的寿命是指正常使用的 X 射线管由于灯丝发射能力逐渐降低而失去功能、射线辐射剂量率降为初始值的 80%。玻璃管一般为 400～500 小时,金属陶瓷管为 1 000 小时。如果使用不当,将大大降低其寿命,影响 X 射线管使用寿命的因素主要有以下几方面:

1) 在送高压前、灯丝必须提前预热。

2) 使用负荷控制在最高管电压的 90%以内。

3) 使用过程中一定要及时对阳极进行冷却,例如工作和间息时间设置为 1:1。

4) 严格按使用说明书要求进行训机。

## 三、X 射线机的基本结构

一般 X 射线机的结构由四部分组成:高压部分,冷却部分,保护部分和控制部分。

1. 高压部分

X 射线机的高压部分包括 X 射线管、高压发生器(高压变压器、灯丝变压器、高压整流管和高压电容)及高压电缆等。

高压变压器的作用是将几十到几百伏的低电压通过变压器升到 X 射线管所需的高电压。它的特点是功率不大(约几千伏安),但输出电压却很高,达几百千伏,因此对高压变压器的要求是体积要小、绝缘性能要高、不易因过热而损坏。

高压电缆是移动式 X 射线机用来连接高压发生器和 X 射线机头的电缆。

2. 冷却部分

冷却是保证 X 射线机能否长期使用的关键,冷却效果的好坏直接影响 X 射线管的寿命和连续使用时间、冷却得不好,高压变压器会过热,使绝缘性能变坏,耐压强度降低而击穿,X 射线管会因阳极过热而发生损坏。所以 X 射线机在设计制造时,都采取各种措施提高冷却效率。

3. 保护部分

各种电气设备都有保护系统。X 射线机的保护系统主要有以下几个方面组成:

(1) 每一个独立电路的短路过流保护;

(2) X 射线管阳极冷却的保护;

(3) X 射线管的过载保护(过流或过压);

(4) 零位保护;

(5) 接地保护;

(6) 其他保护。

4. 控制部分

控制系统是指 X 射线管外部工作条件的总控制,主要包括管电压的调节、管电流的调节以及各种操作指示。

## 四、X 射线机的使用注意事项

1. 认真训机

不是连续使用的 X 射线机都必须按说明书要求进行逐步升高电压的训练,这一过程称之为训机。玻璃管 X 射线机目前已很少使用,这里不再讲述起训机要求。

金属陶瓷管 X 射线机对训机的要求严格,这种 X 射线机控制部分一般都装了延时线路、自动训机线路等,如不按要求进行训机,则高压送不上。其训机规定见表 2-1。

2. 可靠接地

X 射线机是高电压设备,为避免漏电和感应电的影响,控制箱和高压发生器都应可靠接地。

携带式 X 射线机由于工作场所是流动的,无法采用固定接地,因此要使用临时接地,常用的方法是利用工作场所附近的接地体,亦可采用一根 $\phi$10 mm×300 mm 的接地棒,打入土中 250 mm 深(选择较潮湿的地方)便能满足要求;但对变频气冷式 X 射线机严禁用电焊机地线做接地体,否则会因电焊机引弧时,高频感应串入击穿控制箱内的半导体元件而引起不必要的损坏。

移动式 X 射线机一般应采用固定接地，可参照电气设备接地要求去做，接地电阻应小于 4Ω。

**表 2-1 金属陶瓷管 X 射线机训机方法**

| 终止使用时间 | 训机方法 |
|---|---|
| 1天 | 只需自动训机到使用电压值，若使用电压较前一天高，可自动训机至前一天值后手动按 10 kV/min 升至使用值。 |
| 2～7天 | 手动训机，从最低值开始，按 10 kV/min 升至最高值(到 210 kV 时，需休息 5 min 然后继续训机)，训机完毕，电压放置在 |
| 7～30天 | 手动训机，从最低值开始，每 5 min 升一级，至最高值，每训机 10 min，休息 5 min |
| 30～60天 | 手动训机，从最低值开始，每 5 min 升一级，至最高值，每训机 10 min，休息 5 min |
| 60天以上 | 按上述方法进行，但需增加休息时间和训练次数 |

3. 使用前检查电源

电源电压应符合该 X 射线机说明书的要求，其波动值不得超过±10%额定电压，必要时应加调压器或稳压电源，以保证 X 射线机正常工作。

4. 提前预热

X 射线机送高压前，灯丝要提前预热 2 分钟以上，这对延长 X 射线管使用寿命影响很大。

5. 全过程冷却

X 射线机在工作过程中要可靠冷却，油绝缘机主要检查循环油泵，冷却水是否正常，气体绝缘 X 射线机检查机头上的冷却风扇是否工作。

6. 调节电压和电流

X 射线机管电压的调节应当从最低值逐步升高到额定值，曝光过程中发现异常应及时切断高压；曝光结果前，蜂鸣器报警后，X 射线机可自动回零。

7. 间息时间

X 射线机一般要求按 1:1 工作和休息，确保 X 射线管充分冷却、防止过热。

## 五、X 射线机的维护和保养

为了减少 X 射线机使用故障，应做经常性的维护和保养工作。

(1) X 射线机应摆放在通风干燥处，切忌潮湿、高温、腐蚀等环境，以免降低绝缘性能。

(2) 运输时要采取防震措施，避免因剧烈震动而造成接头松劲、高压包移位，X 射线管破损等。

(3) 保持清洁，防止尘土、污物造成短路和接触不良。

(4) 保持自耦变压器滑动触点与绕组接触良好，如有跳火现象应用酒精擦净后再使用。

(5) 保护电缆头接触良好，如因使用时间过长，磨损松动、接触不良，则应及时更换。

(6) 经常检查机头是否漏油(窗口处有气泡)漏气(压力表示值低于 $3.9\ kg/cm^2$)，应注意及时予以补充，确保绝缘性能满足要求。

# 第二节　γ 射线机

## 一、γ 射线源的主要特性参数

放射性同位素有 2 000 多种，但只有那些半衰期较长，比活度较高，能量适宜，取之方便，价格便宜的同位素才适用于检测。目前工业射线照相常用的放射性同位索及其特性参数见表 2-2。

**表 2-2　常用 γ 射线源的特征参数**

| γ 射线源 | $^{60}Co$ | $^{192}Ir$ | $^{75}Se$ |
|---|---|---|---|
| 主要能量/MeV | 1.17，1.33 | 0.296，0.308<br>0.346，0.468 | 0.121，0.136<br>0.265，0.280 |
| 平均能量/MeV | 1.25 | 0.355 | 0.206 |
| 半衰期 | 5.27 年 | 74 天 | 120 天 |
| 钢透照厚度/mm | 40～200 | 10～100 | 5～40 |
| 价格 | 高 | 较低 | 较高 |

放射性活度定义为 γ 射线源在单位时间内发生的衰变数，单位是：贝可(勒尔)，符号是 Bq，1 Bq 表示在 1 秒的时间内有一个原子发生衰变。原用的活度单位是居里，符号 Ci，$1\ Bq=2.7\times10^{-11}\ Ci$，$1\ Ci=3.7\times10^{10}\ Bq$。同一种放射性同位素源，放射性活度大的源其辐射的 γ 射线强度也大；但对非同种放射性同位素的源则不一定。

## 二、γ 射线机的特点

1. γ 射线机与普通 X 射线机比较具有如下优点

(1) 检测厚度大，穿透能力强。对钢工件而言，400 kV X 射线机最大穿透厚度为 100 mm 左右，而 $^{60}Co$ γ 射线机最大穿透厚度可在 200 mm 以上。

(2) 体积小，重量轻，不用电，不用水，特别适用于野外作业和在用设备的检测。

(3) 效率极高，对环缝和球罐可进行周向曝光和全景曝光。同 X 射线机相比大大地节约了人力、物力，降低了成本，提高了效益。

(4) 设备故障率低，无易损部件，价格低。

(5) 可以连续运行，且不受温度、压力、磁场等外界条件影响。对拍片条件只需要通过简单计算即可确定，拍片工艺稳定，可操作性好。

2. γ 射线探伤机的主要局限性

(1) γ 射线源都有一定的半衰期，有些半衰期较短的射线源，如 $^{192}Ir$ 更换显得频繁，给使用带来不便。

(2) 射源能量固定，无法根据试件厚度进行调节；强度随时间变化使曝光时间受到制约。

(3) 固有不清晰度一般说来比 X 射线机大，用同样的器材及透照等技术条件，其灵敏度稍低于 X 射线机。

(4) 对安全防护要求高，管理严格。

## 三、γ射线探伤机的分类与结构

1. γ射线探伤机分类

按所装放射性同位素的不同,可分为 $^{60}$Co γ 射线探伤机、$^{192}$Ir γ 射线探伤机、$^{75}$Se γ 射线探伤机等。

按机体结构分为直通道形式和“S”通道形式。

按使用方式可分为便携式(一个人可单独携带)、移动式(能以适当专用设备移动但不是手提式的)、固定式(固定安装或只能在特定工作区作有限移动)及管道爬行器。

工业 γ 射线检测主要使用便携式 $^{192}$Ir γ 射线探伤机、$^{75}$Se γ 射线探伤机和移动式 $^{60}$Co γ 射线探伤机;管道爬行器专用于管道的对接环焊缝检测。

2. γ射线探伤机的构成

γ射线检测设备大体可分为五个部分:源组件、探伤机机体、驱动机构、输源管和附件。

(1) 源组件

源组件也称为源辫,是由放射源,包壳和辫子组成。放射性物质装入源包壳内,包壳采用内外两层,里层是铝包壳,外层是不锈钢包壳,并通过等离子焊封口。$^{192}$Ir 源组件的结构示意图如图 2-13 所示。

(2) γ射线探伤机的机体

γ 射线机体最主要部分是屏蔽容器,其内部通道要有“S”形弯通道型和直通道型两种。S 通道 γ 射线源容器结构示意图如图 2-14 所示。

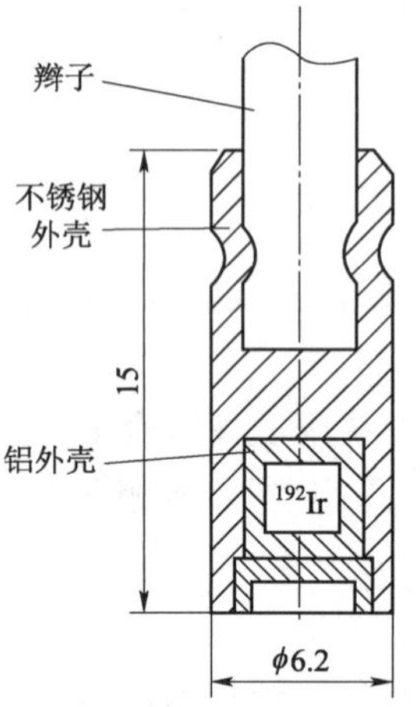


图 2-13 $^{192}$Ir 源组件结构示意图

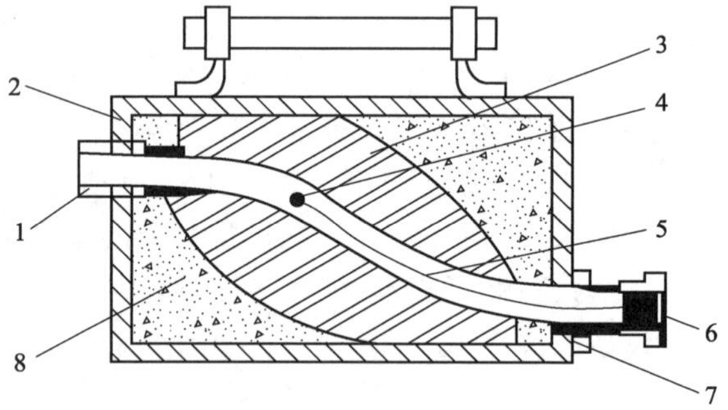


图 2-14 S 通道 γ 射线源容器结构示意图

1—快速连接器;2—外壳;3—贫化铀屏蔽层;4—γ 源组件;5—源托;6—安全接插器;7—密封盒;8—聚氨酯填料

(3) 驱动机构

驱动机构是一套用来将放射源从机体的屏蔽贮藏位置驱动到曝光焦点位置,并能将放射源收回到机体内的装置。

该装置一般可分为手动和电动驱动两种。手动驱动器包括控制缆导管,连接机体与控制手柄。靠摇动手柄来驱动源在输源管中移动,为正确判断源的输送位置,手柄上一般还装有源位指示器以确保源准确到达曝光焦点。

γ 射线探伤机及驱动机构工作情况示意图如图 2-15 所示。

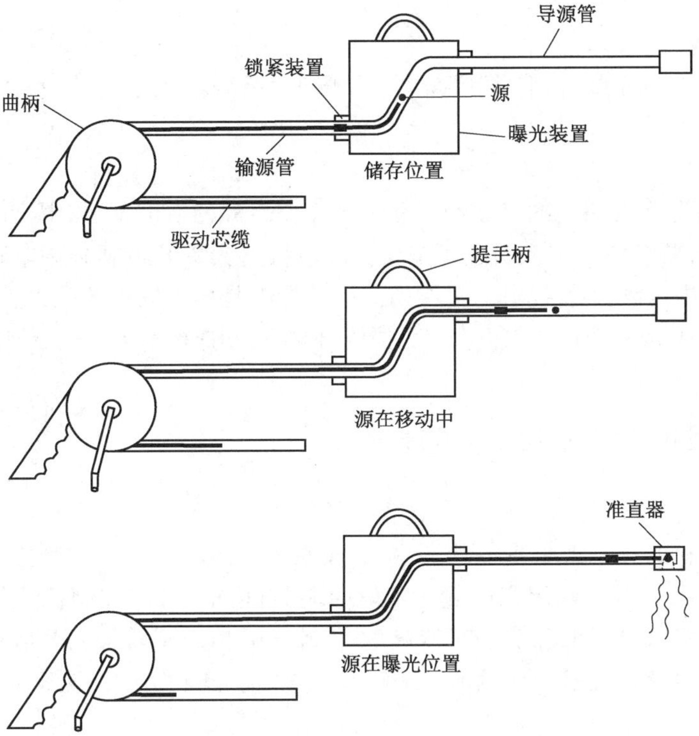


图 2-15　γ 射线探伤机及驱动机构工作情况示意图

在现场无防护条件下进行 γ 射线检测，如用手动驱动器操作人只能离开源的距离十米左右，此时的放射剂量率很高。为了解决这一问题，有些 γ 射线探伤机除手动驱动外，还提供了电动驱动器。使用自动控制电动驱动器，可以预置送源延迟时间(以便操作人员发令后有足够时间离开)和预置曝光时间。在工作时，当电动驱动器启动后，在预置的延迟时间内人可以走离很远，到达预置的延迟时间后，源由电动驱动器自动送到曝光焦点。按照预置的曝光时间曝光后，放射源自动收回到机体内。这样就完成了一次透照。十分安全可靠。

(4) 输源管

输源管也称导源管，由一根或多根软管连接一个一头封闭的包塑不锈钢软管制成。其用途是保证源始终在管内移动，其长度根据不同需要可以任意选用。使用时开口一端接到机体源输出口，一头封闭的一端放在曝光焦点位置。射线检测曝光时要求源输送到输源管的端部，以保证与曝光焦点重合。

(5) 附件

为了 γ 射线探伤机的使用安全和操作方便，一般都配套一些设备附件。常用附件有：

1) 各种专用准直器

用于缩小限制射线照相的范围，减少散射线，提高照相对比度，降低操作者所受剂量。

2) γ 射线监测仪、个人剂量笔及音响报警器

用于确保操作人员的安全及证实放射源所在位置，防止放射事故的发生。

3）各种定向架

用于固定输源管的探头。定位架有多种型式，都有一定的调节范围并能固定准直器，从而保证放射源位于曝光焦点中心。

4）专用曝光计算尺

可以根据胶片感光度、源种类、源龄、工件厚度、源活度及焦距，快速算出最佳黑度所需的曝光时间。

5）换源器

因为γ射线源都有一定的半衰期。几个半衰期后源的活度减小，曝光时间增加，工作效率下降，这时就需要换源。在换源过程中要把旧源从γ射线机的机体内输送到换源器内，再把新源从换源器内送到γ射线机的机体内。换源器就是用来完成这一过程的设备。它是个椭圆形的有两个Ⅰ形孔道的由贫化铀为主要屏蔽材料制成的容器，重几十公斤，也可用于源的运输和储存。

## 四、γ射线探伤机的维护及故障排除

1. γ射线探伤机的维护

γ射线探伤机必须专人负责保管，单独存放在可靠的场所。输源管接头应经常擦洗，避免灰尘和砂粒进入。每次使用完毕后应盖好两端“封堵护套”。控制机构部件摇柄、输源导管、软轴应注意清洁，可用柴油清洗泥沙灰尘，待晾干后传送到软管内。齿轮可添加润滑剂，以保持手柄手摇时感觉轻松。对输源管应注意保护，防止重物砸扁砸坏管子，从而造成卡源事故。

使用γ射线检测设备前应进行认真的检查，如果出现问题，应暂停使用，报专门人员处理不允许任意拆卸，以免造成放射性事故。平时在工作中对源导管（输源管）应特别注意保护，严防重物砸扁砸坏管子，从而避免放射源不能送出和收回等卡源事故发生。

2. γ射线检测设备的操作故障及排除方法

γ射线检测设备由于操作不当会引起故障，这类故障及排除方法见表2-3。

**表2-3 γ射线探伤机的操作故障及排除方法**

| 故障类型 | 原因分析 | 排除故障 |
|---|---|---|
| γ源送出时发生卡堵 | 1. 输源管曲率半径过小<br>2. 控制缆导源管曲率半径过小<br>3. 曝光头与输源管连接不良 | 迅速收回，找出原因，排除故障，仔细操作 |
| γ源收回时发生卡堵 | 1. 输源管由于现场条件突然变化，发生曲率半径小于规定值的情况<br>2. 曝光头与输源管连接不良 | 1. 来回摇动手柄，试图收回<br>2. 快速上前把输源管拉直，再收回 |
| 摇动手柄突感很轻松，摇出圈数超出规定圈数 | 输入输出端软管接头与γ射线机接头没接好，摇动手柄时软管接头脱落，金属软轴脱在外面 | 1. 快速拆开摇柄与输源管连接<br>2. 用手迅速把金属软轴拉回 |

3. γ射线探伤机的机械故障

（1）安全连锁失灵

安全连锁装置是由安全锁、防护盖、选择环、锁紧锁、定位爪等零件组成。一般很少出现故障,若在使用中发现有问题时,应首先检查是否严格按操作程序进行操作,并是否操作到位。如确认存在故障,应通知厂家进行处理。

(2) 机械零件损坏

机械零件损坏是 γ 射线探伤机故障的主要原因。可能出现的损坏有:阴阳接头拉断、驱动机构失灵、驱动缆的导管和输源管被砸扁变形或更严重的损坏、源外包壳与源座脱开等。

故障后果比较严重的是掉源,即阳极头脖子拉断或阳极头从阴极头中脱出。为防止出现这种故障,阳极头采用高强度合金钢,经调质处理后精加工制成。使用中应定期对接头进行检测。接头的磨损可用连接卡板检测,卡板检测如图 2-16 所示。在不强行用力的情况下,接头应无法通过卡板相应的位置,否则应更换连接件。

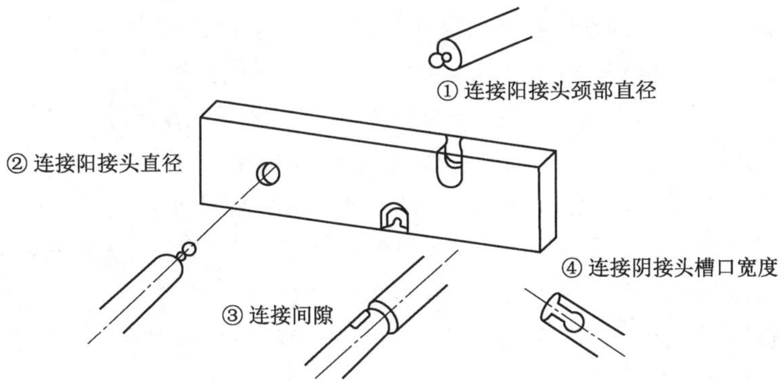


图 2-16　卡板检测示意图

(3) 机体破碎

γ 射线检测设备的机体都十分坚固,即使从高空跌落,最多只砸坏提手或外层钢壳,也不会危及内部高强度的屏蔽套,所以机体破碎故障率很小。

# 第三节　射线照相胶片

## 一、射线照相胶片的特点和构成

射线胶片不同于一般的感光胶片,一般感光胶片只有胶片片基的一面涂布感光乳剂层,在片基的另一面涂布反光膜。射线胶片在胶片片基的两面均涂布感光乳剂层,目的是增加卤化银含量以吸收较多的穿透能力很强的 X 射线和 γ 射线,从而提高胶片的感光速度,增加底片的黑度。其构成如图 2-17 所示,在 0.25～0.3 mm 的厚度中含有七层材料。

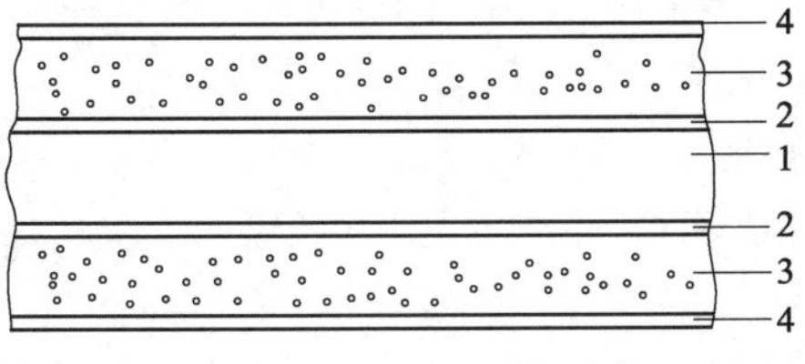


图 2-17　X 光胶片的构造

1—片基;2—结合层;3—乳剂层;4—保护层

1. 片基

片基是感光乳剂层的支持体，在胶片中起骨架作用，厚度约 0.175～0.20 mm，大多采用醋酸纤维或聚酯材料（涤纶）制作。聚酯片基较薄，韧性好，强度高，更适用于自动冲洗，为改善照明下的观察效果，通常射线胶片片基采用淡蓝色。

2. 结合层（又称粘合层或底膜）

其作用是使感光乳剂层和片基牢固地粘结在一起，防止感光乳剂层在冲洗时从片基上脱下来，结合层由明胶，水，表面活性剂（润湿剂），树脂（防静电剂）组成。

3. 感光乳剂层（又称感光药膜）

每层厚度约 10～20 μm，通常由溴化银微粒在明胶中的混合体构成。乳剂中加入少量碘化银，可改善感光性能，碘化银含量按物质的量计，一般不大于 5%。此外，乳剂中还加进防灰雾剂（羟基四氮唑，苯肼三氮唑等）及某些稳定剂和坚膜剂。

明胶是用动物的皮、骨等组织中的纤维蛋白——骨胶原经处理后制成。明胶可以使卤化银颗粒在乳剂中分布均匀，并对银盐也起一些增感作用，明胶对水有极大的亲和力，因此胶片暗室处理时，药液能均匀地渗透到乳化剂内部与卤化银粒子起作用。

在胶片生产过程中，感光乳剂在生产过程中在化学熟化过程后还要进行物理熟化（二次成熟），以改变卤化银颗粒团的表面状况，并增加接受光量子的能力。感光乳剂中卤化银的含量、卤化银颗粒团的大小、形状，决定了胶片的感光速度。射线胶片的银含量大致在 10～20 g/m$^2$。

4. 保护层（又称保护膜）

是一层厚度 1～2 μm，涂在感光乳剂层上的透明胶质，防止感光剂层受到污损和摩擦，其主要成分是明胶、坚膜剂（甲醛及盐酸萘的延生物）、防腐剂（苯酚）和防静电剂。为防止胶片粘连，有时在感光乳剂层上还涂布毛面剂。

## 二、感光原理及潜影的形成

胶片受到可见光或X射线、γ射线的照射时，在感光乳剂层中会产生眼睛看不到的影像即所谓潜影。

根据葛尔尼（Gurney）和莫特（Mott）创立的潜影理论，在感光乳剂中 AgBr 晶体的缺陷和位错部位构成陷阱，捕捉并吸收光子，能量提高到晶体导带的克东电子和可动银离子，形成潜影中心。潜影的形成有四个阶段，见图 2-18。

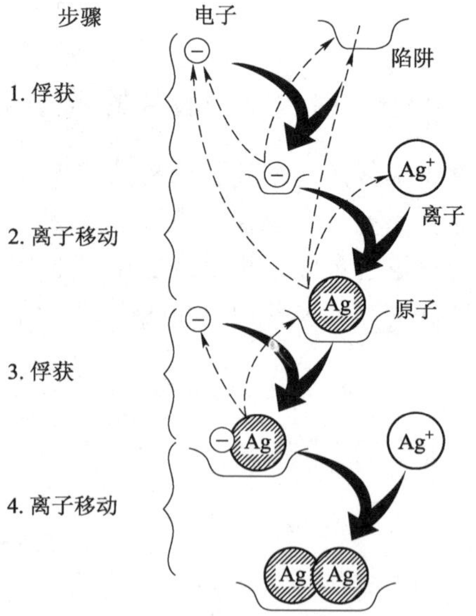

图 2-18 潜影的形成示意图

（1）光子（hν）将 Br$^-$离子中的电子逐出，该电子在 AgBr 晶体上移动，陷入捕集中心（俘获）。

（2）带负电的捕集中心吸引 Ag$^+$离子，电子与 Ag$^+$离子结合生成银原子，形成不稳定的感光中心（离子移动）。

（3）该感光中心捕捉第二个电子（俘获）。

（4）第二个 Ag$^+$离子到达，产生一个稳定的双原子银。形成相对稳定的潜影中心(离子移动)。

用化学方程式表示,即:

照射前:$AgBr=Ag^{+}+Br^{-}$

照射后:$Br^{-}+h\nu\rightarrow Br+e$;$Ag^{+}+e\rightarrow Ag$

由此可见潜影的产生是银离子接受电子还原成银的过程,此过程可用图 2-18 所示。图中虚线表示在生成稳定的双原子银之前,每一个步骤都是可逆的。

潜影形成后,如相隔很长时间才显影,得到的影像比及时冲洗得到的影像较淡,此现象称为潜影衰退。潜影衰退实际上是构成潜影中心的银又被空气氧化而变成 $Ag^{+}$离子的逆变过程。胶片所处的环境温度越高,湿度越大,则氧化作用越加剧,潜影的衰退越厉害。

## 三、底片黑度

射线穿透被检查材料,使胶片产生潜影,经过显影,定影化学处理后胶片上的潜影成为永久性的可见图像,称之为射线底片(简称为底片)。底片上的影像是由许多微小的黑色金属银微粒所组成,影像各部位黑化程度大小与该部位含银量多少有关,含银量多的部位比含银量少的部位难于透光,底片黑化程度通常用黑度(或称光学密度)$D$ 表示。

黑度 $D$ 是照射光强与穿过底片的透射光强之比的常用对数值,即:

$$D = \lg \frac{L_0}{L} \tag{2-1}$$

式中,$L_0$——照射光强;

$L$——透射光强。$L_0/L$ 又称为阻光率。

由(2-1)式可知,当 $D=0.3$ 时,照射光只有 1/2 透过;当 $D=1.0$ 时,照射光只有 1/10 透过;当 $D=2.0$ 时,照射光只有 1/100 透过;当 $D=3.0$ 时,照射光只有 1/1 000 透过。

黑度 $D$ 与照射光强和透射光强关系示意图见图 2-19。

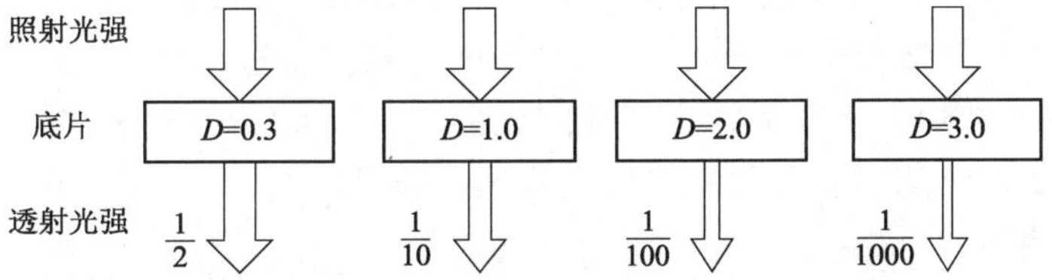


图 2-19 底片黑度不同时,透射光强与照射光强的关系

## 四、射线胶片的特性

射线胶片的感光特性主要有:感光度($S$),灰雾度($D_0$),梯度($G$),宽容度($L$),最大密度($D_{max}$),这些特性可在胶片特性曲线上定量表示。

1. 胶片特性曲线

胶片特性曲线是表示曝光量与底片黑度之间关系的曲线,在特性曲线图中横座标表示 X 射线的曝光量的对数值,纵座标表示胶片显影后所得到的相应黑度。

(1) 增感型胶片特性曲线

如图 2-20 所示成“S”形,由以下几个区段组成:

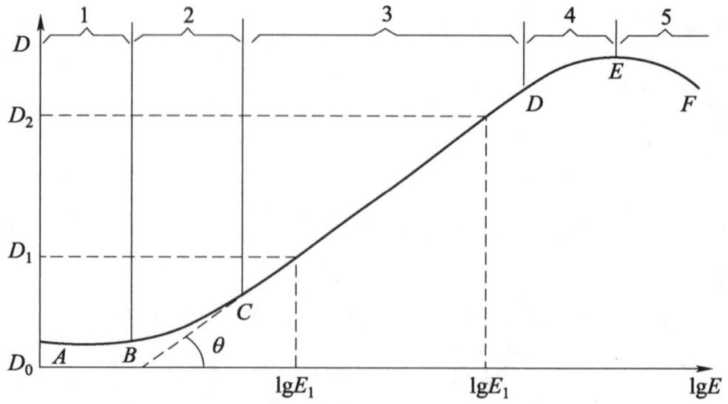


图 2-20　增感区胶片的特性曲线

1—迟钝区；2—曝光不足区；3—曝光正常区；4—曝光过度区；5—反转区(负感)

1）本底灰雾度($D_0$)：胶片在未经曝光的条件下，经显影处理后也会有一定的黑度，此黑度值称灰雾度 $D_0$，通常所指的灰雾度也包括了片基本身的不透明度。

2）曝光迟钝区(AB)：曝光量增加，底片黑度不增加，又称不感光区，当曝光量超过 B 点，才使胶片感光，B 点称为曝光量的阈值。

3）曝光不足区(BC)：曝光量增加时，底片黑度只缓慢增加，此区段不能正确表现被透照工件的厚度差和底片密度差的关系。

4）曝光正常区(CD)：黑度值随曝光量对数的增加而呈线性增大，这是射线检测时所要利用的区段。

5）曝光过度区(DE)：曝光量继续增加时，黑度增加较小，曲线斜率逐渐降低直至 E 点为零。

6）反转区(EF)：也称负感区，曝光极端过度时，黑度反而减小。

(2）非增感型胶片的特性曲线

如图 2-21 所示，非增感型胶片的特性曲线也有曝光迟钝区、曝光不足区和曝光正常区，但其“曝光过渡区”在黑度非常高的区段，大大超过一般观片灯的观察范围，故通常不在描绘在特性曲线上。非增感型胶片无明显的负感区。在常用黑度范围内，非增感型胶片的特性曲线成“J”型。

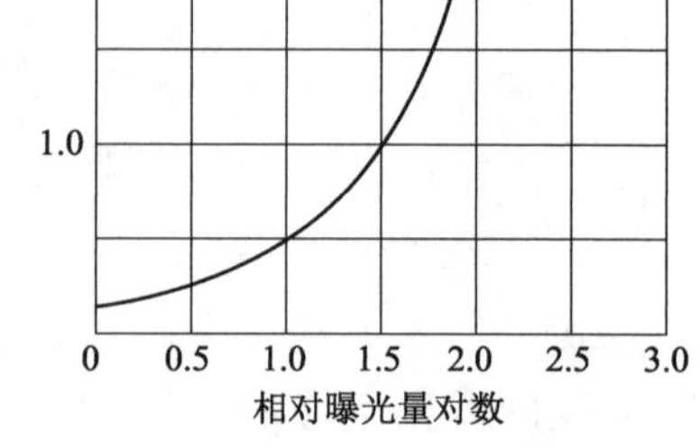


图 2-21　非增感型胶片特性曲线

2. 射线胶片特性参数

以下简述有关射线胶片感光特性参数的一些术语定义、计算方法及其影响因素。

(1）感光度(S)

在特定的曝光、冲洗加工和图像测量条件下，照相材料对透照辐射能响应的一种定量测量。一般把射线底片上产生一定黑度所用曝光量的倒数定义为感光度。ISO7004—86 规定：以达到净黑度(不包括胶片雾度)为 2.0 时所用曝光量(用戈瑞作单位)的倒数作为该胶片的感光度，即：

$$S = 1/K_s \tag{2-2}$$

式中，$K_s$——曝光量，以产生比胶片灰雾度 $D_0$ 密度大 2.00 的密度所需的戈瑞数表示。

射线胶片感光度与乳剂层中的含银量、明胶成分、增感剂含量以及银盐颗粒大小、形状有关，感光度的测定结果还受到射线能量、显影配方、温度、时间以及增感方式的影响。对同一类型的胶片来说，银盐粒度越粗，其感光度越高。

(2) 灰雾度($D_0$)

未经曝光的胶片显定影后也会有一定的黑度，此黑度称为灰雾度($D_0$)，又称为本底灰雾度。在特性曲线上指原点至纵轴 A 点的距离。灰雾度小于 0.30 时，对射线底片的影像影响不大，灰雾度过大会损害影像对比度和清晰度、降低灵敏度。

灰雾度由两部分组成，即片基光学密度和胶片乳剂经化学处理后的固有光学密度。通常感光度高的胶片要比感光度低的胶片灰雾度大。保存条件不当和保存时间过长也会使灰雾度增大。此外，底片所显示的灰雾不仅与胶片灰雾特性有关，而且与显影液配方，显影温度、时间等因素有关。

(3) 梯度($G$)

胶片的梯度是指胶片对不同曝光量在底片上显示不同黑度差别的固有能力。可用胶片特性曲线上某一点切线的斜率表示。此斜率称为胶片梯度 $G$ 或称为胶片反差系数$\gamma$。

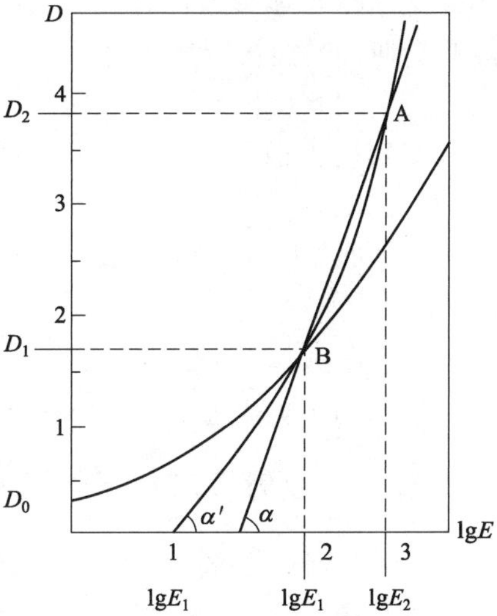


图 2-22　$G$ 和 $\overline{G}$ 的求法

如图 2-22 中特性曲线 B 点的胶片梯度为

$$G = \tan\alpha' = \frac{D_1}{\lg E_1 - \lg E_1'} \tag{2-3}$$

由于特性曲线上各点的 $G$ 值不同，所以常用特性曲线上两点连线的斜率来表示称为胶片的平均梯度($\overline{G}$)或平均反差系数($\overline{\gamma}$)。如图 2-22 中特性曲线上与 $D_2$、$D_1$ 相应的 A、B 两点间

$$\overline{G} = \overline{\gamma} = \tan\alpha = \frac{D_2 - D_1}{\lg E_2 - \lg E_1} \tag{2-4}$$

ISO7004 标准规定：以特性曲线上底片净黑度 1.5($D_1$=1.5+$D_0$)和底片净黑度 3.5($D_2$=3.5+$D_0$)两点间连线的斜率作为胶片的平均梯度，即

$$\overline{G} = \overline{\gamma} = \tan\alpha = \frac{D_2 - D_1}{\lg E_2 - \lg E_1} = \frac{2.0}{\lg E_2 - \lg E_1} \tag{2-5}$$

式中，$D_1$——比灰雾度大 1.50 的一点的密度；

$D_2$——比灰雾度大 3.50 的一点的密度；

$E_1$——产生 $D_1$ 所需曝光量；

$E_2$——产生 $D_2$ 所需曝光量。

射线胶片的 $G$ 值与胶片的种类、型号有关。增感型胶片(一种适宜与荧光增感屏联用的胶片)的 $G$ 值在较低的黑度范围内,随黑度的增大而增大,但当黑度超过一定数值,黑度再增大 $G$ 值反而减小。增感型胶片 $G$ 值与黑度 $D$ 的关系如图 2-23 中曲线 $C$ 所示。

在射线照相应用范围内,非增感型胶片的 $G$ 值随着黑度的增大而增大。这种胶片的 $G$ 值与黑度的关系如图 2-23 中曲线 $A$ 和 $B$ 所示,其中 A 胶片的梯度比 B 胶片更高一些。此外,胶片 $G$ 值的测定结果与显影条件有关,显影配方、时间、温度都会使特性曲线所显示的 $G$ 值发生改变。

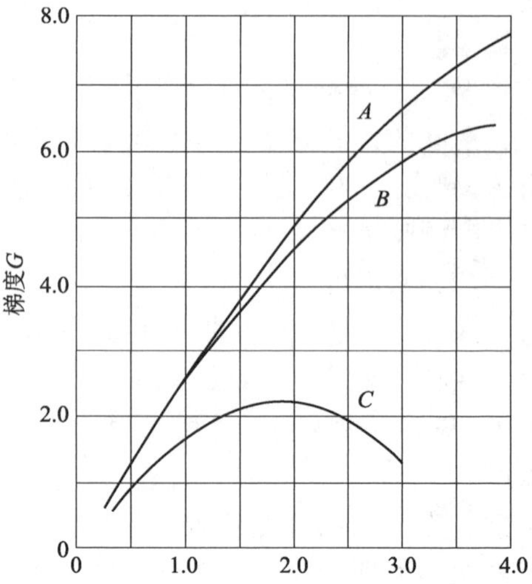

图 2-23 胶片 $G$ 值与黑度 $D$ 的关系

(4) 宽容度($L$)

宽容度指胶片有效黑度范围相对应的曝光范围。在胶片特性曲线上,用与黑度为许可下限值和上限值(如 1.5 和 3.5)相对应的相对曝光量的对数表示,即:

$$L = 10^{\lg E_2 - \lg E_1} = \frac{E_2}{E_1} \tag{2-6}$$

显然梯度大的胶片其宽容度必然小。

## 五、工业射线胶片系统的分类

早先的胶片分类以感光特性,即以胶片粒度和感光速度为依据来划分胶片类别。分类方法也是粗略的,即大致按颗粒度将胶片分为微粒、细粒、中粒、粗粒,按感光速度将胶片分为很低、低、中、高速四类。

20 世纪 90 年代中期提出了新的胶片分类方法,以胶片系统而不是以胶片作为分类主体。所谓胶片系统是指包括射线胶片、增感屏(材质、厚度)和冲洗条件(方式、配方、速度、时间)的组合。新的分类方法之所以提出用“胶片系统”取代“胶片”进行分类,是因为评价胶片的特性指标不仅与胶片有关,还受增感屏和冲洗条件影响,所以将三者作为一个系统进行评价。

胶片制造商应说明所生产的工业射线胶片的类别并保证其品质,且应提供其特征数据。

在核安全设备射线检测中,根据不同核电厂的建造要求,会使用到不同国家的检测标准。对于常见工业射线胶片在核工业的分类见表 2-4。我国能源行业标准 NB/T 47013.2—2015 中,胶片系统分为 6 类,C1～C6 类,C1 为最高类别(感光速度最低),C6 为最低类别(感光速度最高)。

**表 2-4 常见工业射线胶片的分类**

| 品牌和型号 | | | 分类 | | |
|---|---|---|---|---|---|
| 柯达<br>KODAR | 爱克发<br>AGFA | 富士<br>FUJI | 欧盟标准<br>EN 584.1 | 美国材料试验学会<br>ASTM E 185 | NB/T 47013.2 |
| DR50 | D2 | IX25 | C1 | 极佳 | C1 |
| M100 | D3 | IX50 | C2 | 1 型 | C2 |

续表

| 品牌和型号 | | | 分类 | | |
|---|---|---|---|---|---|
| 柯达<br>KODAR | 爱克发<br>AGFA | 富士<br>FUJI | 欧盟标准<br>EN 584.1 | 美国材料试验学会<br>ASTM E 185 | NB/T 47013.2 |
| MX125 | D4 | IX50 | C3 | 1 型 | C3 |
| T200 | D5 | IX80 | C4 | 1 型 | C4 |
| AA400 | D7 | IX100 | C5 | 2 型 | C5 |
| CX | D8 | IX150 | C6 | 3 型 | C6 |

## 六、胶片的选用

胶片的选用，应根据射线检测技术要求及射线的质、工件厚度、材料种类等条件综合考虑，一般来说，根据以下几点选择。

(1) 可按像质要求高低选用，如需要较高的射线照相底片像质，则需使用颗粒较细的胶片。

(2) 在能满足像质要求的前提下，如需缩短曝光时间，可使用颗粒较粗的胶片。

(3) 工件厚度较小，工件材料等效系数较低或射源线质较硬时，可选用颗粒较细的胶片。

## 七、胶片的使用和保存

射线胶片使用和保存注意事项如下。

(1) 胶片不可接近氨、硫化氢、煤气、乙炔和酸等有害气体，否则会产生灰雾。

(2) 裁片时不可把胶片上的衬纸取掉裁切，以防止裁切过程中将胶片划伤。不要多层胶片同时裁切，防止轧刀，擦伤胶片。

(3) 装片和取片时，胶片与增感屏应避免摩擦，否则会擦伤，显影后底片上会产生黑线。操作时还应避免胶片受压受曲受折，否则会在底片上出现新月形影像的折痕。

(4) 开封后的胶片和装入暗袋的胶片要尽快使用，如工作量较小，一时不能用完，则要采取干燥措施。

(5) 胶片宜保存在低温低湿环境中，通常以 10～15 ℃最好。湿度应保持在 55%～65% 之间。湿度高会使胶片与衬纸或增感屏粘在一起，但空气过于干燥，也容易使胶片产生静电感光。

(6) 胶片应远离热源和射线的影响，在暗室红灯下操作不宜距离过近，暴露时间不宜过长。

(7) 胶片应竖放，避免受压。

# 第四节 射线照相辅助设备器材

## 一、黑度计(光学密度计)

1. 黑度计的使用

黑度计又名光学密度计,或简称密度计。射线照相底片的黑度是用透射式黑度计测量的。目前广泛使用的是数字显示黑度计,该类仪器将接受的模拟光信号转换成数字电信号,进行数据处理后直接在数码显示器显示出底片黑度数值。

用黑度计测量黑度:将底片放于光阑上按下测量臂,入射光透过底片照到传感器,测量出透射光通量,最后由微处理器计算出黑度($D$),并驱动数码管显示出黑度($D$)值。

标准 NB/T 47013.2—2015 规定,黑度计可测得最大黑度应不小于 4.5,测量值的误差应不超过±0.05。

黑度计使用前应进行"校零":光栏上不放底片,按下测量臂,入射光直接照在光传感器,按校零"ZERO"钮,显示 0.00,此时微处理器记下入射光通量 $\Phi_0$。即完成"校零"。在完成校零后,即可测量黑度:将底片放于光阑上按下测量臂,入射光透过底片照到传感器,测量出透射光通量,最后由微处理器计算出黑度 $D$,并驱动数码管显示出 $D$ 值。

2. 标准密度片

黑度计应使用标准密度片核查。

标准密度片应至少有 8 个一定间隔的黑度基准,且能覆盖 0.3～4.5 黑度范围,至少每两年校准一次(有计量部门校准)。必须特别注意标准密度片的保存和使用条件。

3. 黑度计的核查

黑度计首次使用前应进行核查,以后至少每六个月应进行一次核查。每次核查后应填写核查记录。在工作开始时或连续工作超过 8 小时后应在拟测量黑度范围内选择至少两点进行检查。

黑度计的核查方法:

(1) 接通黑度计外电源和测量开关,预热 10 分钟左右。

(2) 用标准密度片的零黑度点(区)调整黑度计零点,调整后顺次测量标准密度片上不同黑度的各点的黑度,记录测量值。

(3) 按第(2)条的规定反复测量 3 次。

(4) 计算出各点测量值的平均值,以平均值与密度片该点的黑度值之差作为黑度计的测量误差。

(5) 对黑度不大于 4.5 的各点的测量误差均应不超过±0.05,否则黑度计应重新调整、修理或报废。

## 二、增感屏

目前常用的增感屏有金属增感屏、荧光增感屏和金属荧光增感屏三种。其中以使用金属增感屏所得底片象质最佳,金属荧光增感屏次之,荧光增感屏最差,但增感系数以荧光增感屏最高,金属屏最低。

1. 增感作用及增感系数 $K$

射线底片上的影像主要是靠胶片乳剂层吸收射线产生光化学作用形成的。为了能吸收较多的射线,射线照相用的感光胶片采用了双面药膜、较厚的乳剂层,但即使如此,通常也只有不到 1%的射线被胶片所吸收,而 99%以上的射线透射过胶片被浪费。使用增感屏可增强射线对胶片的感光作用,从而达到缩短曝光时间提高工效的目的。

使用增感屏可增强射线对胶片的感光作用,从而达到缩短曝光时间提高工效的目的。增感屏的增感性能用增感系数 $Q$ 表示,也称增感率或增感因子。所谓增感系数是指胶片一定、线质一定、暗室处理条件一定时,得到同一黑度底片,不用增感屏的曝光量 $E_0$ 与使用增感屏时的曝光量 $E$ 之间的比值,即:

$$Q = E_0/E \tag{2-7}$$

通常我们用"mA · min"来表示 X 射线的曝光量,用"Ci · min"来表示 γ 射线的曝光量,如果管电流相同或源活度相同,那么曝光量取决于曝光时间,增感系数也可由不用增感屏时的曝光时间 $t_0$ 与使用增感屏时的曝光时间 $t$ 之比来表示,即:

$$Q = t_0/t \tag{2-8}$$

2. 金属增感屏

金属增感屏一般是将薄薄的金属箔粘合在优质纸基或胶片片基(涤纶片基)上制成。金属增感屏的构造和作用如图 2-24 所示。用的金属箔材质有:铅(Pb)、钨(W)、钽(Ta)、钼(Mo)、铜(Cu)、铁(Fe)等。考虑到价格、压延性,表面光洁度和柔软性,应用得最普遍的是用铅合金(加 5%左右的锑和锡)制作的铅箔增感屏。

在射线照相中,与胶片直接接触的金属增感屏有两个基本效应:

(1) 增感效应-金属屏受透射射线激发产生二次电子和二次射线,二次电子和二次射线能量很低,极易被胶片吸收,从而能增加对胶片的感光作用;

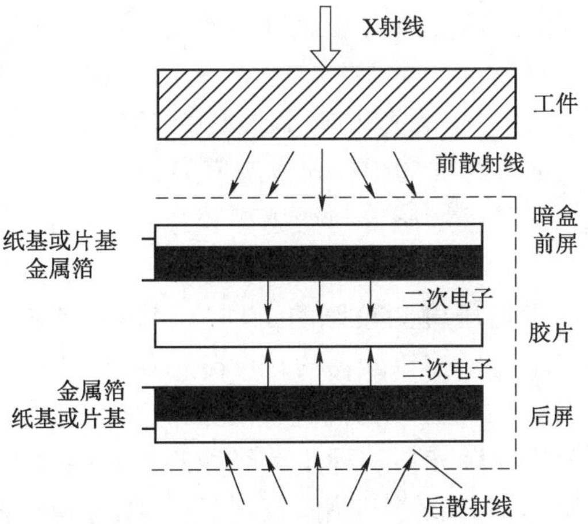


图 2-24　金属增感屏的构造和作用图

(2) 吸收效应-对波长较长的散射线有吸收作用,从而减少散射线引起的灰雾度,提高影像对比度。

金属增感屏的选用可参见表 2-5。当参照不同的射线检测标准实施射线检测时,需根据相应标准的规定选择金属增感屏的材质和厚度。

**表 2-5　金属增感屏的选用**

| 射线种类 | 增感屏材料 | 前屏厚度/mm | 后屏厚度/mm |
|---|---|---|---|
| <120 kV | 铅箔 | | ≥0.10 |
| 120～250 kV | 铅箔 | 0.025～0.125 | ≥0.10 |

续表

| 射线种类 | 增感屏材料 | 前屏厚度/mm | 后屏厚度/mm |
|---|---|---|---|
| >250～450 kV | 铅箔 | 0.05～0.16 | ≥0.10 |
| 1～3 MeV | 铅箔 | 1.00～1.60 | 1.00～1.60 |
| >3～8 MeV | 铜箔、铅箔 | 1.00～1.60 | 1.00～1.60 |
| >8～35 MeV | 钽箔、钨箔、铅箔 | 1.00～1.60 | — |
| $^{192}$Ir | 铅箔 | 0.05～0.16 | ≥0.16 |
| $^{60}$Co | 钽箔、钢箔、铅箔 | 0.50～2.00 | 0.25～1.00 |

注 1:120 kV 以下 X 射线可不用前屏。

注 2:钽箔或钨箔增感屏所获得检测灵敏度比铅箔高。

注 3:用钽箔或钢箔能获得最佳检测灵敏度,但比使用铅箔所需曝光时间长。

3. 荧光增感屏

某些物质在射线的照射下,能产生波长较长的可见光,这些物质包括钨酸钙 $CaWO_4$、氟化钙 CaF、硫化锌 ZnS、铂氰化钾 $K_2Pt(CN)_6$、铂氰化钡 $BaPt(CN)_6$、铂氰化钙 $CaPt(CN)_6$ 等。荧光增感屏通常使用的是钨酸钙。钨酸钙在射线的照射下,能产生荧光,其最强波长为 425 nm 的蓝紫光。荧光增感屏的构造和作用见图 2-25。

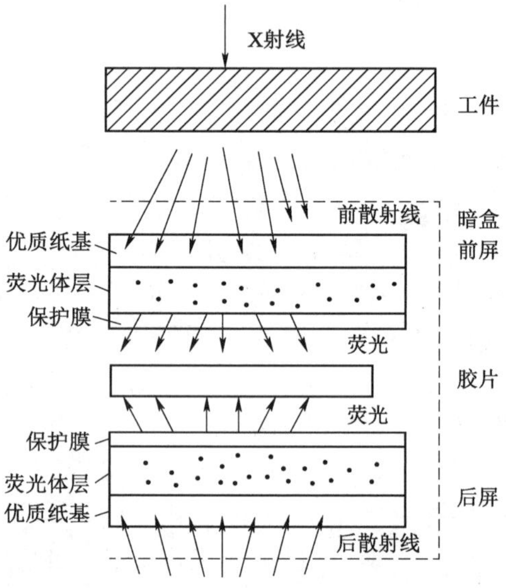

图 2-25 荧光增感屏的构造和作用

荧光增感屏与增感型胶片联用时,增感系数达 100～300,可大大地缩短曝光时间,或用较低的管电压检测较厚的工件。用钨酸钙制作的荧光增感屏按钨酸钙的粒度分为粗、中、细三类,其增感性能对应为高速、中速、低速。也有用稀土材料作荧光体的稀土荧光增感屏,这种增感屏与感绿胶片配合使用,其增感系数比钨酸钙又高 3～10 倍。

荧光增感屏在较低的管电压条件下有较大的增感系数,当管电压大于 200 kV 时,增感系数降低。由于荧光增感屏的荧光体颗粒粗、荧光会发生扩展和散乱传播,加之荧光增感屏不能截止散射线,故所得底片的影像模糊,清晰度差,灵敏度低,缺陷分辨力差,细小裂纹易漏检,因此在射相照相中的使用范围越来越小,为避免危险性缺陷漏检,透照焊缝一般不使用荧光增感屏。

4. 金属荧光增感屏

这种增感屏兼有荧光增感屏的高增感特性和铅箔增感屏的散射线吸收作用。其构造和作用如图 2-26 所示:将铅箔粘合在纸基上,再在铅箔上涂布荧光物质制成。金属荧光增感屏与非增感型胶片配合使用,其像质要优于荧光增感时的底片,但由于清晰度和分辨力的局限性,金属荧光增感屏还是不能用于质量要求高的工件的透照。

5. 增感屏的使用注意事项

增感屏在使用过程中，其表面应保持光滑、清洁、无污秽、损伤、变形。装片后要求增感屏与胶片能紧密贴合，胶片与增感屏之间不能夹杂异物。

铅箔增感屏卷曲、受折后，会使胶片与增感屏接触不良，使底片影像模糊。铅箔的表面比较柔软，如有深划伤或者开裂，会使底片上出现类似裂纹的细黑线，其形状与增感屏上划痕或开裂形状相同。铅箔表面有了油污，使底片上产生白影。对于铅箔表面附着的污物，可用干净纱布蘸乙醚、四氯化碳擦去。对于铅箔增感屏上比较轻微的折痕、划痕和粘合不良引起的鼓泡，可将铅箔增感屏放置在光滑的桌面上，用纱布将其抹平。铅箔极易受显、定影液的腐蚀，铅箔增感屏沾上显、定影液后如没能及时揩抹干净，则会在增感屏表面产生严重的腐蚀斑痕，这种增感屏只能废弃不用了。

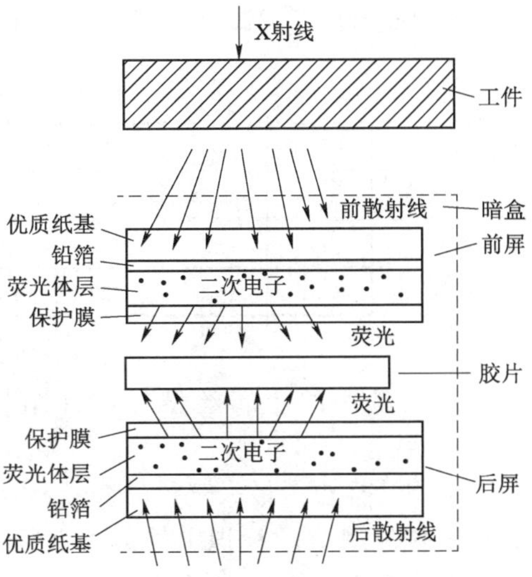

图 2-26　金属荧光增感屏的构造和作用

铅箔增感屏保管时要注意防潮，防止有害气体的侵蚀。铅箔增感屏保存时间过长，会产生铅箔与基材之间的脱胶和合金成分锡、锑在表面呈线状析出现象，此时在增感屏表面出现黑线条，在底片上则产生白线条。检查铅箔增感屏粘合好坏和是否脱胶，可将增感屏轻轻地反复弯曲后，看看增感屏边缘铅箔是否翘起和增感屏上的铅箔是否鼓起。

## 三、像质计

1. 像质计的作用和分类

像质计是用来检查和定量评价射线底片影像质量的工具。又称为图像质量指示器，或简称 IQI、透度计。

像质计通常用与被检工件材质相同或对射线吸收性能相似的材料制作。像质计中设有一些人为的有厚度差的结构(如槽、孔、金属丝等)，其尺寸与被检工件的厚度有一定的数值关系。射线底片上的像质计影像可以作为一种永久性的证据。表明射线透照检测是在适当条件下进行的。但像质计的指示数值并不等于被检工件中可以发现的自然缺陷的实际尺寸。

工业射线照相用的像质计大致有金属丝型、孔型和槽型三种。中国、日本、德国、英国、美国，以及国际标准采用金属丝型。此外，美国还采用平板孔型像质计，英国、法国还采用阶梯孔型像质计。我国标准 GB 3323—2005 和 NB/T 47013.2—2015 也允许使用阶梯孔型像质计。

以下着重介绍丝型像质计的构造与特点。

2. 金属丝型像质计

金属丝型像质计按金属丝型直径变化规律，又分等差数列、等比数列、等径、单丝型像质计。我国现使用等比数列像质计，等比数列像质计的线径公比通常为 $\sqrt[10]{10}$，其相邻金属丝的直径之比为 $\sqrt[10]{10} \approx 1.25$ 或者公比 $1/\sqrt[10]{10} \approx 0.8$。

表 2-6 给出了 R10 系列像质计的线号和对应的金属丝直径。

**表 2-6 R10 系列像质计线号和丝径**

| 线号 | 1 | 2 | 3 | 4 | 5 | 6 | 7 | 8 | 9 | 10 |
|---|---|---|---|---|---|---|---|---|---|---|
| 标称线径 | 3.20 | 2.50 | 2.00 | 1.60 | 1.25 | 1.00 | 0.80 | 0.63 | 0.50 | 0.40 |
| 线号 | 11 | 12 | 13 | 14 | 15 | 16 | 17 | 18 | 19 | |
| 标称线径 | 0.32 | 0.25 | 0.20 | 0.16 | 0.125 | 0.100 | 0.080 | 0.063 | 0.050 | |

我国常用的金属丝型像质计结构如图 2-27 所示。

像质计标志由最大直径的线号、线的材料和标准代号组成。标识中的最大直径的线号放置在最大直径线的一侧;最大直径的线号同时表示像质计号。一般情况,按线径不同,像质计分为 4 个型号,见表 2-7。

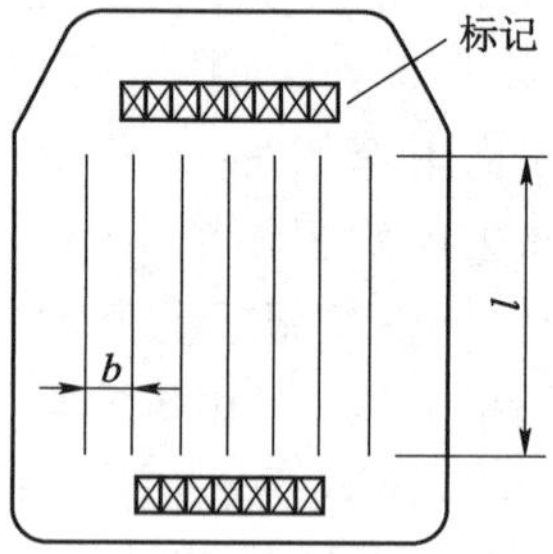

图 2-27 金属丝型像质计结构示意图

**表 2-7 像质计型号和对应线号**

| 像质计型号 | 1 号 | 6 号 | 10 号 | 13 号 |
|---|---|---|---|---|
| 线号 | (1)~(7) | (6)~(12) | (10)~(16) | (13)~(19) |

像质计按材料不同可分为:钢质像质计、铝质像质计、钛质像质计、铜质像质计等,分别用代号 Fe、Al、Ti、Cu 表示。射线照相时像质计材料应与试件相同,当缺少相同材质像质计时,也可用原子序数低的材料制作的像质计代替,NB/T 47013.2—2015 标准中规定了几种像质计的适用材料范围见表 2-8。

**表 2-8 不同材料的像质计适用的材料范围**

| 像质计材料代号 | Al | Ti | Fe | Ni | Cu |
|---|---|---|---|---|---|
| 像质计材料 | 工业纯铝 | 工业纯钛 | 碳素钢 | 镍-铬合金 | 3#纯铜 |
| 适用材料范围 | 铝,铝合金 | 钛,钛合金 | 钢 | 镍-铬合金 | 铜,铜合金 |

3. 平板孔型像质计

平板孔型像质计是在厚度均匀的平板上钻一定尺寸的小孔制成。美国 ASME、ASTM、MIL 标准,以及欧洲标准 EN1435 均采用此种像质计。

平板孔型像质计的形状、尺寸如图 2-28 所示。像质计厚度 $T$ 的选择有三种,分别为透照厚度的 1%,2%,4%。所钻的通孔的直径分别为 $1T$、$2T$、$4T$。像质计有矩形和圆形两种,后者适用于大厚度工件。平板孔型像质计影像质量由射线底片上可以识别的最小孔径确定。

平板孔型像质计的灵敏度级别用“厚度-孔径”表示。例如 2-1$T$ 表示厚度 2%的像质计上直径 $1T$ 的孔能够识别;1-2$T$ 表示厚度 1%的像质计上直径 $2T$ 的孔能够识别。按照上述表

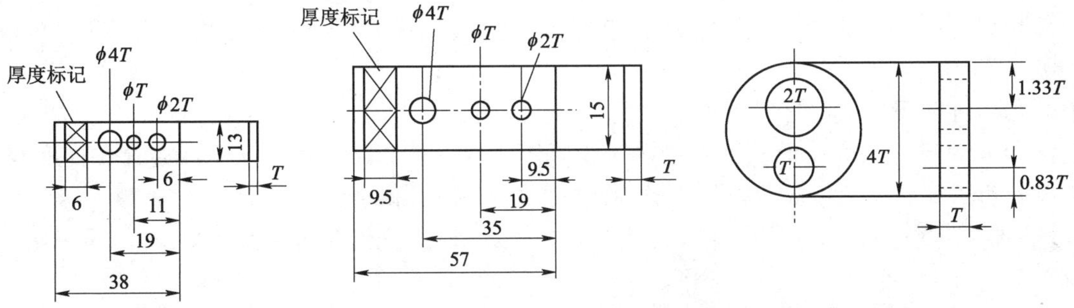


图 2-28 平板孔型像质计结构

示方法，每种厚度的平板孔型像质计可以显示 3 个灵敏度级别，三种厚度的平板孔型像质计可以显示 9 个灵敏度级别，及 1-1$T$、1-2$T$、1-4$T$，2-1$T$、2-2$T$、2-4$T$，4-1$T$、4-2$T$、4-4$T$。

实际射线照相检测中，通常采用其中 5 个灵敏度级别：1-1$T$、1-2$T$、2-1$T$、2-2$T$、2-4$T$。

平板孔型像质计应选用与被透照材料相同组别或级别的材料制作，也可选用比被透照材料射线吸收性能低的组别或级别的材料制作。

平板孔型像质计的等效像质计灵敏度 EPS 的计算公式如下：

$$\text{EPS}(\%)=\frac{100}{x}\sqrt{\frac{Th}{2}} \tag{2-9}$$

式中，$x$——透照厚度；

$T$——像质计厚度；

$h$——像质计孔径。

各灵敏度级别的等效像质计灵敏度见表 2-9。

**表 2-9 等效像质计灵敏度 EPS**

| 灵敏度级别 | 1-1$T$ | 1-2$T$ | 1-4$T$ | 2-1$T$ | 2-2$T$ | 2-4$T$ | 4-1$T$ | 4-2$T$ | 4-4$T$ |
|---|---|---|---|---|---|---|---|---|---|
| EPS/% | 0.7 | 1.0 | 1.4 | 1.4 | 2.0 | 2.8 | 2.8 | 4.0 | 5.6 |

等效灵敏度 EPS 与以丝型像质计表示的相对灵敏度 $K$ 有类似作用。由等效像质计灵敏度 EPS 的数值可比较不同透照厚度下，不同“厚度-孔径”显示的灵敏度高低。由表 2-9 中可以看出：2-1$T$ 与 1-4$T$ 显示的灵敏度是等效的，而 1-2$T$ 的灵敏度高于 2-1$T$。

还需要指出，丝型像质计受透照方向影响小，而孔型像质计灵敏度受射线的透照方向影响大，当射线入射倾角较大时，底片上像质计的小孔影像往往就无法分辨了。

4. 像质计的摆放

不管使用何种类型的像质计，像质计的摆放位置会直接影响到像质计灵敏度的指示值，因此在摆放像质计时，摆放位置应是在射线透照区内显示灵敏度最低部位，如离胶片最远的工件表面，透照厚度最大部位，若不利部位能达到规定的灵敏度，一般说来有利部位就更能达到。

NB/T 47013.2—2015 标准规定，线型像质计一般应放置在焊接接头的一端(在被检区长度的 1/4 左右位置)，金属线应横跨焊缝，细金属线置于外侧；阶梯孔型像质计一般应放置在被检区中心部位的焊接接头热影响区意外，在不可能实现的情况下，至少应放置于熔敷金属区域以外。当一张胶片上同时透照多条焊接接头时，像质计应放置在透照区最边缘的焊缝处。

像质计放置还应满足以下规定。

（1）单壁透照规定像质计放置在射线源侧。双壁单影透照规定像质计放置在胶片侧。双壁双影透照像质计可放置在射线源侧，也可放置在胶片侧。

（2）单壁透照中，如果像质计无法放置在射线源侧，允许放置在胶片侧(球罐全景曝光除外)。

（3）单壁透照中像质计放置在胶片侧时，应进行对比试验。对比试验方法是在射线源侧和胶片侧各放置一个像质计，用与工件相同的条件透照，测定出像质计在射线源侧和胶片侧的灵敏度差异，以此修正像质计灵敏度的规定，以保证实际透照的底片灵敏度符合要求。

（4）当像质计放在胶片侧时，应在像质计上适当位置放置铅字“F”作为标记，F 标记的影像应与像质计的标记同时出现在底片上，且应在检测报告中注明。

平板孔型像质计的摆放，要求放在离被检焊缝边缘 5 mm 以上的母材表面，且像质计下应放置一定厚度的垫片，垫片厚度大致等于被检焊缝的总余高，其目的是使受检区域的黑度不低于像质计黑度范围的 15%，垫片的尺寸应超过像质计尺寸，使得至少有 3 条像质计指示器轮廓线可在底片上看清楚，如图 2-29 所示。

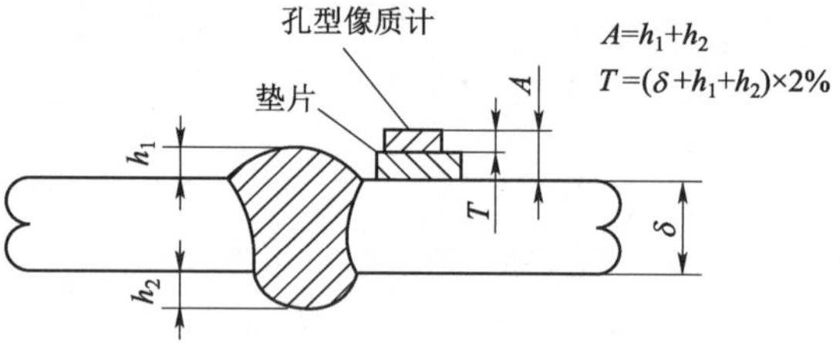


图 2-29 平板孔型像质计的放置

小径管对接焊缝，使用通用线型和专用等径线型像质计时，金属线应垂直焊缝且应横跨焊缝放置。

不等厚或不同种类材料之间的对接焊缝，如果焊接接头的几何形状允许，厚度不同或材料类型不同的部分应分别采用与被检材料厚度或类型相匹配的像质计，并分别放置在焊接接头相对应部位。

管座角焊缝，推荐采用线型像质计，根据像质计能够投影到被检测区的位置而放置。如果允许，像质计尽可能置于黑度最小的区域。

5. 像质计的数量

原则上每张底片上都应有像质计的影像。当一次曝光完成多张胶片照相时，使用的像质计数量允许减少但应符合以下要求。

（1）采用射源置于圆心位置的周向曝光技术时，至少在圆周上等间隔的放置 3 个像质计；

（2）球罐焊接接头采用源置于球心的全景曝光时，在上级和下级焊缝的每张底片上都应放置像质计，且在每带的纵缝和环缝上等间隔至少放置 3 个像质计；

（3）一次曝光连续排列的多张胶片时，至少在第一张、中间一张和最后一张胶片出各放置一个像质计。

6. 像质计影像识别

NB/T 47013.2—2015 标准规定，使用线型像质计时，底片上能够识别的最细金属线的编号即为像质计灵敏度值。如底片黑度均匀部位(一般是邻近焊缝的母材金属区)能够清晰地看到长度不小于 10 mm 的连续金属线影像时，则认为该金属线是可识别的。专用等径线型像质计至少应能识别两根金属线。

使用阶梯孔型像质计时，底片上能够识别的最小孔的编号即为像质计灵敏度值，当同一阶梯上含有两个孔时，则两个孔都应在底片上可识别。

## 四、其他照相辅助器材

1. 暗袋(暗盒)

装胶片的暗袋可采用对射线吸收少而遮光性又很好的黑色塑料膜或合成革制作，要求材料薄、软、滑。

暗袋的尺寸，尤其宽度要与增感屏，胶片尺寸相匹配，既能方便地出片、装片，又能使胶片、增感屏、暗袋能很好贴合。由于暗袋经常接触工件，极易弄脏，因此要经常清理暗袋表面，如发现破损，应及时更换。

2. 标记带

为使每张射线底片与工件部位始终可以对照，在透照过程中应将铅质识别标记和定位标记与被检区域同时透照在底片上。识别标记包括工件编号(或检测编号)、焊缝编号、部位编号(或片号)等。定位标记包括中心标记“↑→”和搭接标记“↑”如为抽查，则为检测区段标记)。其他还有拍片日期、板厚、返修、扩探等标记。

3. 屏蔽铅板

为屏蔽后方散射线，应制作一些与胶片暗袋尺寸相仿的屏蔽板。屏蔽板由 2 mm 厚的铅板制成。贴片时，将屏蔽铅板紧贴暗袋，以屏蔽后方散射线。

4. 其他小器件

射线照相辅助器材很多，除上述用品，设备、器材之外，为方便工作，还应备齐一些小器件：卷尺、钢印、榔头、照明行灯、电筒、各种尺寸的铅遮板、补偿泥、贴片磁钢、透明胶带，各式铅字、盛放铅字的字盘、划线尺、石笔、记号笔等。

# 思考题

1. 简述 X 射线机的类型？
2. 常用 X 射线机由哪几大部分组成？
3. 简述 X 射线管的分类方法？
4. 金属陶瓷 X 射线管有什么优点？
5. 为什么要对 X 射线管进行冷却？
6. 什么是 X 射线管的实际焦点和有效焦点？
7. X 射线管真空度太低有何危害？一般真空度为多少？
8. 简述 γ 射线机的特点和局限性？

9. 简述γ射线机的构成？其有可能产生的机械故障？
10. 简述射线照相胶片的特点和构成。
11. 简述胶片感光成像的原理？
12. 什么是潜影衰退？它与哪些因素有关？
13. 什么是底片黑度？黑度 $D$=2 表示什么？
14. 什么是胶片特性曲线？增感型胶片与非增感型胶片的特性曲线有何区别？
15. 简述胶片系统的类型及特点？
16. 简述使用和保存胶片的注意事项？
17. 简述黑度计校准过程？
18. 常用增感屏的分类？说明各类增感屏的结构和优缺点？
19. 什么是像质计？像质计的分类？线型像质计的线径之间的关系？
20. 说明孔型像质计 1−2$T$ 的含义？

# 第三章　射线照相质量的影响因素

## 第一节　射线照相灵敏度

评价射线照相最重要的指标是射线照相灵敏度。所谓射线照相灵敏度从定量方面来说，是指在射线底片上可以观察到的最小缺陷尺寸或最小细节尺寸，从定性方面来说，是指发现和识别细小影像的难易程度。

灵敏度有绝对与相对之分，在射线照相底片上所能发现的沿射线穿透方向上的最小缺陷尺寸称为绝对灵敏度，此最小缺陷尺寸与射线透照厚度的百分比称为相对灵敏度。

由于工件中是否有缺陷，在检测前是不可知的，经过检测发现的缺陷，其沿射线穿透方向上的尺寸也是很难测定的。因此，用自然缺陷尺寸来评价射线照相灵敏度是不现实的。为便于定量评价射线照相灵敏度，常用与被检工件或焊缝的厚度有一定百分比关系的人工结构，如金属丝、孔、槽等组成所谓透度计，又称为像质计，作为底片影像质量的监测工具，由此得到灵敏度称为像质计灵敏度。需要注意的是，底片上显示的像质计最小金属丝直径，或孔径、或槽深，并不等于工件中所能发现的最小缺陷尺寸。即像质计灵敏度并不等于自然缺陷灵敏度。但像质计灵敏度越高，则表示底片影像的质量水平越高，因而也能间接地定性反映出射线照相对最小自然缺陷检出能力。

射线照相灵敏度是射线照相对比度（小缺陷或细节与其周围背景的黑度差），不清晰度（影像轮廓边缘黑度过渡区的宽度），颗粒度（影像黑度的不均匀程度）三大要素的综合结果，而三大要素又分别受到不同工艺因素的影响。射线照相灵敏度的影响因素可归纳为表 3-1。

**表 3-1　影响射线照相灵敏度的因素**

| 射线照相对比度<br>$\Delta D = 0.434\mu G\Delta T / (1+n)$ | | 射线照相不清晰度 $U$<br>$U=\sqrt{U_g^2+U_i^2}$ | | 射线照相颗粒度 |
|---|---|---|---|---|
| 主因对比度<br>$\Delta I / I = \mu\Delta T / (1+n)$ | 胶片对比度<br>$G = \Delta D / \Delta \lg E$ | 几何不清晰度<br>$U_g = d_f L_2 / L_1$ | 固有不清晰度<br>$U = 0.001\,3\ \mathrm{kV}^{0.79}$ | |
| 取决于：<br>a）缺陷造成的透照厚度差 $\Delta T$（缺陷高度、透照方向）<br>b）射线的质 $\mu$（或 $\lambda$、kV、MeV）<br>c）散射比 $n(=I_s \backslash I_p)$ | 取决于：<br>a）胶片类型（或梯度 $G$）<br>b）显影条件（配方、时间、活度、温度、搅动）<br>c）底片黑度 $D$ | 取决于：<br>a）焦点尺寸 $d_f$<br>b）焦点至工件表面距离 $L_1$<br>c）工件表面至胶片距离 $L_2$ | 取决于：<br>a）射线的质 $\mu$（或 $\lambda$、kV、MeV）<br>b）增感屏种类（Pb、Au、Sb 等）<br>c）屏——片贴紧程度 | 取决于：<br>a）胶片系统（胶片型号、增感屏、冲洗条件）<br>b）射线的质 $\mu$（或 $\lambda$、kV、MeV）<br>c）曝光量（$I_t$）和底片黑度 $D$ |

# 第二节 射线照相对比度

## 一、底片对比度的定义

如果工件中存在厚度差,那么射线穿透工件后,不同厚度的部位透过射线的强度就不同,曝光后经暗室处理得到的底片上不同部位就会产生不同的黑度,射线照相底片上的影像就是由不同黑度的阴影构成的,阴影和背景的黑度差使得影像能够被观察和识别。把底片上某一小区域和相邻区域的黑度差称为底片对比度,又叫作底片反差。显然,底片对比度越大,影像越容易被观察到和识别清楚。因此,为检出较小的缺陷,获得较高的灵敏度,就必须设法提高底片对比度。但在提高对比度的同时,也会产生一些不利后果,例如试件能被检出的厚度范围(厚度宽容度)减小,底片上的有效评定区域缩小,曝光时间延长,检测速度下降,检测成本增大等。

## 二、底片对比度的影响因素

射线底片的对比度 $D$ 是主因对比度 $\mu\Delta T/(1+n)$ 和胶片对比度 $G$ 共同作用的结果,主因对比度是构成底片对比度的根本原因,而胶片对比度可以看作是主因对比度的放大系数(通常这个系数为 3～8)。

1. 主因对比度的影响因素

影响主因对比度的因素有:厚度差 $\Delta T$,衰减系数 $\mu$,散射比 $n$。

$\Delta T$ 与缺陷尺寸有关,某些情况下还与透照方向有关。对于试件中具体存在的缺陷,它的几何尺寸是一定的,但在不同方向上形成的厚度差可能不同,对于具有方向性的面积型缺陷,如裂纹、未熔合等,透照方向与 $\Delta T$ 的关系特别明显,为提高照相对比度,就必须考虑选择适当的透照方向或控制一定的透照角度,以求得到较大的 $\Delta T$。例如,为检出坡口未熔合,往往选择沿坡口的透照方向,为保证裂纹的检出率,就必须控制射线束与工件表面法线的角度不得过大。

衰减系数 $\mu$ 与试件材质和射线能量有关。在试件材质给定的情况下,透照的射线能量越低,线质越软,$\mu$ 值越大,在保证射线穿透力的前提下,选择能量较低的射线进行照相,是增大对比度的常用方法。

减小散射比 $n$ 可以提高对比度,因此透照时就必须采取有效措施控制和屏蔽散射线。

2. 胶片对比度的影响因素

影响胶片对比度的因素有:胶片种类、底片黑度,显影条件。

不同类型的胶片具有不同的梯度,通常,非增感胶片的梯度比增感型胶片的梯度大。非增感型胶片中,不同种类的胶片有时梯度也不一样,要想提高对比度,可以选择梯度较大的胶片。

胶片梯度随黑度的增加而增大,为保证对比度,常对底片的最小黑度提出限制,为增大对比度,射线照相底片往往取较大的黑度值。

显影条件的变化可以显著改变胶片特性曲线的形状、显影配方、显影时间、温度以及显影液活度都会影响胶片的梯度。

# 第三节　射线照相清晰度

## 一、射线照相不清晰度的定义

射线照相的不清晰度定义为影像边缘黑度变化区宽度。

在实际工业射线照相中，造成底片影像不清晰有多种原因，如果排除试件或射源移动，屏与胶片接触不良等偶然因素，不考虑使用盐类增感屏荧光散射引起的屏不清晰度，那么构成射线照相不清晰度主要是两方面因素，即：由于射源有一定尺寸而引起的几何不清晰度 $U_g$ 以及由于电子在胶片乳剂中散射而引起的固有不清晰度 $U_i$。

底片上总的不清晰度 $U$ 是 $U_g$ 和的综合结果，$U$ 和 $U_g$、$U_i$ 三者之间的关系有多种表达式，目前比较广泛采用的关系表达式为：

$$U=\sqrt{U_g^2+U_i^2} \tag{3-1}$$

## 二、几何不清晰度 $U_g$

由于 X 射线管焦点或 γ 射线源都有一定尺寸，所以透照工件时，工件表面轮廓或工件中的缺陷在底片上的影像的边缘会产生一定宽度的半影，这个半影的宽度就是几何不清晰度 $U_g$，如图 3-1 所示。

$U_g$ 的数值可用下式计算

$$U_g=\frac{d_f \cdot b}{F-b} \tag{3-2}$$

式中，$d_f$—焦点尺寸；$F$—焦点至胶片距离；$b$—缺陷至胶片距离。

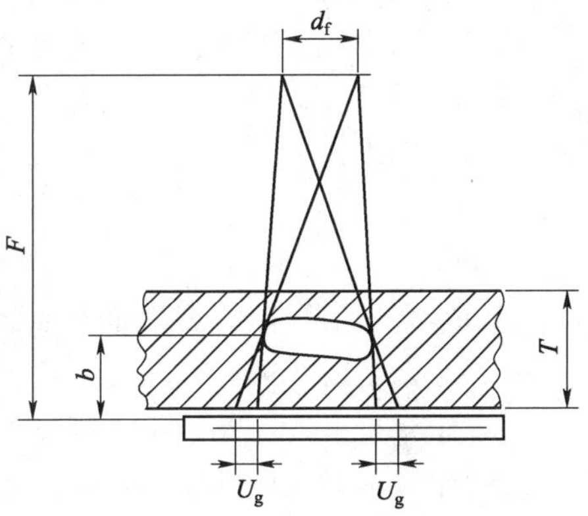


图 3-1　工件中缺陷的几何不清晰度

由上式可知，几何不清晰度与焦点尺寸和工件厚度成正比，而与焦点至工件表面的距离成反比。在焦点尺寸和工件厚度给定的情况下，为获得较小的 $U_g$ 值，透照时就需要取较大的焦距 $F$，但由于射线强度与距离平方成反比，如果要保证底片黑度不变，在增大焦距的同时就必须延长曝光时间或提高管电压，所以对此要综合权衡考虑。

## 三、固有不清晰度 $U_i$

固有不清晰度（$U_i$）也称胶片不清晰度，是胶片乳剂层中产生的二次电子位移造成的，固有不清晰度大小就是散射电子在胶片乳剂层中作用的平均距离。固有不清晰度主要取决于射线的能量，射线能量越高，则固有不清晰度值越大。例如，100 kV X 射线的 $U_i$ 值为 0.05 mm；400 kV X 射线的 $U_i$ 值为 0.15 mm；$^{192}$Ir 射线的 $U_i$ 值为 0.17 mm；$^{60}$Co 射线的 $U_i$ 值为 0.35 mm。

常使用的金属增感屏同样产生固有不清晰度。有关文献指出，增感屏的材料种类、厚度，以及使用情况都会影响固有不清晰度。例如，在中低能量射线照相中，使用铅增感屏的底片比不使用铅增感屏的底片的固有不清晰度有所增大；随着铅增感屏厚度的变化，固有不清晰度也将有所改变；在 γ 射线和高能 X 射线照相中，使用铜、钽、钨制作的增感屏可以得到比铅屏更小的固有不清晰度；在使用增感屏时，如果屏与胶片贴合得不紧，留有间隙，将使固有不清晰度明显增大。

## 第四节 射线照相颗粒度

颗粒性是指均匀曝光的射线底片上、影像黑度分布不均匀的视觉印象。颗粒度则是根据测微光密度计测出的数据、按一定方法求出的所谓底片黑度涨落的客观量值。

胶片速度会影响胶片颗粒性。一般说来，慢速胶片中的溴化银晶体比快速胶片中的晶体小，故曝光和显影后产生的光吸收银也较少。因此要产生一定的黑度，在慢速胶片中吸收的光子数要比快速胶片多，故胶片颗粒性较弱。

胶片的颗粒性随能量的提高而增大。因为在低能量下、吸收一个光子只使一个或几个溴化银颗粒感光，而在高能量下，一个光子能使许多个颗粒感光，这样就使得随机分布的黑度起伏变大，显示出颗粒增大的倾向。颗粒性随曝光量和底片黑度的增大而减小。

颗粒度限制了影像能够记录的细节的最小尺寸。一个尺寸很小的细节，在颗粒度较大的影像中，或者不能形成自己的影像，或者其影像将被黑度的起伏所掩盖，无法识别出来。

## 思考题

1. 什么是射线照相灵敏度？照相灵敏度分为哪两种？
2. 什么是射线照相对比度？它与哪些因素有关？
3. 什么是射线照相的不清晰度？它与哪些因素有关？
4. 什么是射线照相的颗粒度？它与哪些因素有关？

# 第四章　射线透照工艺

## 第一节　透照工艺条件的选择

射线透照工艺是指为达到一定要求而对射线透照过程规定的方法、程序、技术参数和技术措施等，也泛指详细说明上述方法、程序、参数、措施的书面文件。工艺条件是指工艺过程中的有关参变量及其组合。透照工艺条件包括设备器材条件，透照几何条件，工艺参数条件，工艺措施条件等。本节讨论一些主要的工艺条件对照相质量的影响及应用选择原则。

### 一、射线源和能量的选择

选择射线源的首要因素是射线源所发出的射线对被检的试件具有足够的穿透力。

对 X 射线来说，穿透力取决于管电压。管电压越高则射线的质越硬，在试件中的衰减系数越小，穿透厚度越大。表 4-1 为目前常用 X 射线设备的穿透力数据。

**表 4-1　常用工业 X 射线检测设备可检测的钢最大厚度**

| 射线能量 | 高灵敏度法可穿透钢最大厚度/mm | 低灵敏度法可穿透钢最大厚度/mm |
|---|---|---|
| 100 kV X 射线 | 10 | 16 |
| 150 kV X 射线 | 15 | 24 |
| 200 kV X 射线 | 25 | 35 |
| 300 kV X 射线 | 40 | 60 |
| 400 kV X 射线 | 75 | 100 |
| 1 MeV X 射线 | 125 | 150 |
| 2 MeV X 射线 | 200 | 250 |
| 8 MeV X 射线 | 300 | 350 |
| 30 MeV X 射线 | 325 | 450 |

对于 $\gamma$ 射线来说，穿透力取决于放射源种类，表 4-2 给出了常用 $\gamma$ 射线源适用的透照厚度范围，由于放射性同位素发出的射线能量不可改变，而用高能量射线透照薄工件时会出现灵敏度下降的情况，因此表中的透照厚度不仅规定了上限，而且规定了下限。

**表 4-2　常用 $\gamma$ 射线可检测的钢厚度范围**

| 源种类 | 高灵敏度法/mm | 低灵敏度法/mm |
|---|---|---|
| $^{75}Se$ | 14～40 | 5～50 |
| $^{192}Ir$ | 20～90 | 10～100 |
| $^{137}Cs$ | 30～100 | 20～120 |
| $^{60}Co$ | 60～150 | 30～200 |

选择射线源时，还必须注意X射线和γ射线的照相灵敏度差异。由有关理论可知，对比度、不清晰度和颗粒度是左右射线照相影像质量的三大基本参数。实验表明，以 $^{192}Ir$ 为例，对 40 mm 以下的钢厚度，用 $^{192}Ir$ 透照所得射线底片其对比度不如 X 射线底片。例如，对 25 mm 钢厚度为例，前者的对比度要比后者低 40%。对比度自然影响到像质计灵敏度。因此，对 40 mm 以下钢厚度用 $^{192}Ir$ γ 射线透照所得像质计灵敏度不如 X 射线所得灵敏度高。但对 40 mm 以上钢厚度，则两者的像质计灵敏度大致相同。

另一方面，$^{192}Ir$ 的固有不清晰度 $U_i$ 值(0.17 mm)比 400 kV 的X射线还大。此外，还有颗粒性问题：由于 $^{192}Ir$ 有效能量较高，由此引起的胶片颗粒性——即胶片噪声也会明显增大，从而干扰薄板射线照相中小缺陷的影像显示。

综合上述考虑，可列举出一些选择射线源的原则：

（1）对轻合金和低密度材料，目前尚无合适的 γ 射线源，这方面的适用射线源实际上是X射线。

（2）同样，要透检厚度小于 5 mm 的钢(铁素体钢或高合金钢)，除非允许较低的检测灵敏度，也要选用X射线；

（3）如要对大批量的工件实施射线照相，还是用X射线为好，因为曝光时间较短。

（4）对厚度大于 150 mm 的铁素体材料，即使用最大的γ射源，曝光时间也是很长的，如工作批量大，宜用兆伏级高能X射线。

（5）对厚度为 50～150 mm 的钢，如果使用正确的方法，用X射线和γ射线可得到几乎相同的像质计灵敏度，但裂纹检出率还是有差异的。

（6）对厚度为 5～50 mm 的钢，用X射线总可获得较高的灵敏度，γ射源的选用则须取决于所要求的检测灵敏度。

（7）对某些困难的现场透照工作，体积庞大的X射线机使用不方便可能成为主要问题。

（8）只要与容器直径有关的焦距能满足一定的几何不清晰度要求，环形焊缝的透照应尽量选用圆锥靶周向X射线机做内透中心法垂直全周向曝光，以提高工效和影像质量。

（9）选用平面靶周向 X 射线机对环焊缝做内透中心法倾斜全周向曝光时，必须考虑射线倾斜角度对焊缝中纵向面状缺陷的检出影响。

X射线机的管电压可以根据需要调节，因此用X射线对试件照相，射线能量有多种选择。

选择 X 射线能量的首要条件应是具有足够的穿透力。随着管电压的升高，X 射线的平均波长变短，有效能量增大，线质变硬，在物质中的衰减系数变小，穿透能力增强。如果选择的射线能量过低，穿透力不够，结果是到达胶片的透射射线强度过小，造成底片黑度不足，灰雾增大；曝光时间过分延长，以至无法操作等一系列现象。

但是，过高的射线能量对射线照相灵敏度有不利影响，随着管电压的升高，衰减系数 $\mu$ 减小，对比度 $\Delta D$ 降低，固有不清晰度 $U_i$ 增大，底片颗粒度也将增大，其结果是射线照相灵敏度下降。因此，从灵敏度角度考虑 X 射线能量的选择的原则是：在保证穿透力的前提下，选择能量较低的X射线。

选择能量较低的射线可以获得较高的对比度，但较高的对比度却意味着较低的透照厚度宽容度，很小的透照厚度差将产生很大的底片黑度差，使得底片黑度值超出允许范围：或是厚度大的部位底片黑度太小，或是厚度小的部位底片黑度太大。因此，在有透照厚度差的情况下，选择射线能量还必须考虑能够得到合适的透照厚度宽容度。

在底片黑度不变的前提下，提高管电压便可以缩短曝光时间，从而可以提高工作效率，但其代价是灵敏度降低。为保照相质量，标准对透照不同厚度允许使用的最高管电压有一定限制，并要求有适当的曝光量。射线检测标准中会规定一些材料的透照厚度对应的允许使用的最高管电压。

## 二、焦距的选择

通常，射线源至胶片的距离（焦距）的最小值 $F_{min}$ 是根据标准中规定的允许的射线照相最大的几何不清晰度来确定的，即 $F_{min}=(1+d_f/U_g)\times T$，式中 $d_f$—射线源或焦点有效尺寸；$T$—试件厚度；$U_g$—几何不清晰度最大允许值。为了减少 $U_g$ 值，也可选择较小焦点尺寸的射线源。

为保证射线照相的清晰度，标准对透照距离的最小值有限制，在 NB/T 47013.2—2015 标准中，规定透照距离 $f$（射线源至工件表面的距离）与焦点尺寸 $d$ 和透照厚度 $b$ 应满足以下关系：

**表 4-3　透照距离的规定**

| 射线检测技术等级 | 射线源至工件表面的距离 $f$ | $U_g$ 值 |
| --- | --- | --- |
| A 级 | $f\geqslant 7.5db^{2/3}$ | $U_g\leqslant \frac{2}{15}b^{1/3}$ |
| AB 级 | $f\geqslant 10db^{2/3}$ | $U_g\leqslant \frac{1}{10}b^{1/3}$ |
| B 级 | $f\geqslant 15db^{2/3}$ | $U_g\leqslant \frac{1}{15}b^{1/3}$ |

在实际工作中，焦距的最小值通常有诺莫图查出。在 NB/T 47013.2—2015 标准中，给出了诺模图，诺模图的使用方法如下：见图 4-1，在 $d$ 线和 $b$ 线上分别找到焦点尺寸和透照厚度对应的点，用直线去连接这两个点，直线与 $f$ 的交点即为透照距离 $f$ 的最小值，而焦距最小值即为 $F_{min}=f+b$。

实际透照时，一般采用的焦距要比最小焦距大得多。这是因为透照场的大小与焦距相关。焦距增大后，匀强透照场范围增大，由此可得到较大有效透照长度，影像清晰度也进一步提高。

焦距的选择还与试件几何形状和透照方式有关。例如，为得到较大的一次透照长度和较小的横裂检出角，在采用双壁单影法透照环缝时，往往选择较小的焦距；而当采用中心内照法时，焦距就是筒体的外半径。

## 三、曝光量的选择和修正

1. 曝光量的选择

曝光量可定义为射线源发出的射线强度与照射时间的乘积。对于 X 射线来说，曝光量是指管电流 $i$ 与照射时间 $t$ 的乘积（$E=i\cdot t$）；对于 γ 射线来说，曝光量是指放射源活度 $A$ 与照射时间 $t$ 的乘积（$E=A\cdot t$）。

曝光量是射线透照工艺中的一项重要参数。射线照相影像的黑度取决于胶片感光乳剂吸收的射线量。若固定各项透照条件（试件尺寸、射线源、源-试件-胶片相对位置、胶片和增

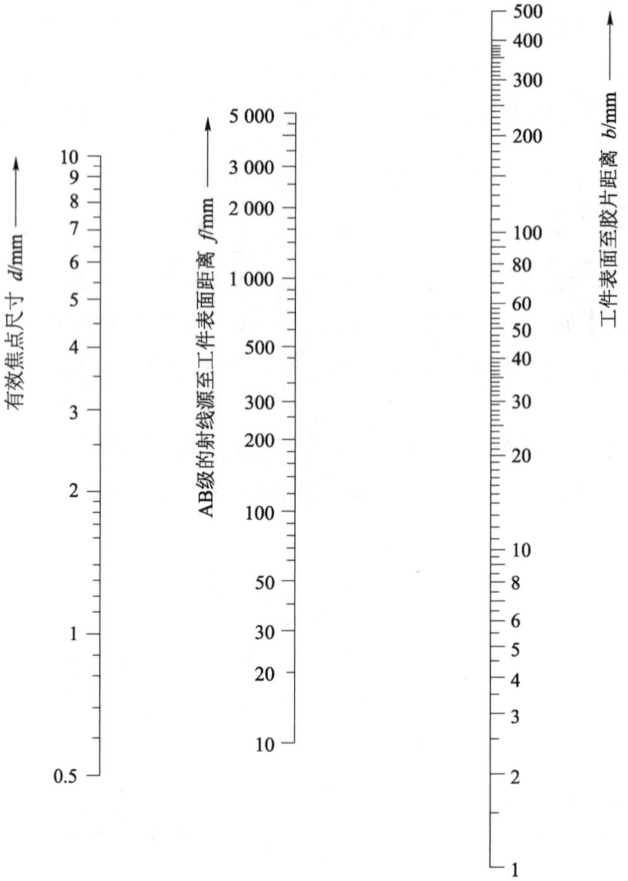


图 4-1 AB 级射线检测技术确定焦点至工件表面距离的诺莫图

感屏-管电压等),则底片黑度与曝光量有很好的对应关系,因此可通过改变曝光量来控制底片黑度。

曝光量不只影响影像的黑度,也影响影像的对比度、颗粒度以及信噪比,从而影响底片上可记录的最小细节尺寸。为保证射线照相质量,曝光量应不低于某一最小值。推荐的 X 射线照相最小曝光量值可在适用的标准中查阅。如在 NB/T 47013.2—2015 标准中,规定:X 射线照相,当焦距 700 mm 时,曝光量的推荐值为:A 级和 AB 级射线检测技术不小于 15 mA・min,B 级射线检测技术不小于 20 mA・min。当焦距改变时可按平方反比定律对曝光量的推荐值进行换算。

2. 互易律、平方反比定律和曝光因子

(1) 互易律

在胶片感光乳剂中产生的光解银量只与总的曝光量 $E$ 相关,而与射线强度 $I$ 和曝光时间 $t$ 的单独大小无关,这种规律称为互易律。即

$$E = I_1 \cdot t_1 = I_2 \cdot t_2 \tag{4-1}$$

互易律适用于铅箔增感或无增感条件,而荧光增感会使互易律失效。

(2) 平方反比定律

平方反比定律表示射线强度随射线源距离的平方成反比减小的关系。此时,射线源视

为点源,且无吸收体存在。即:

$$I_2/I_1 = (F_1/F_2)^2 \tag{4-2}$$

式中,$I_1$、$I_2$——离射线源距离分别为 $F_1$、$F_2$ 时的射线强度。

如距离射线源 1 m 处为某一射线强度,在 0.5 m 处则为其 4 倍,而在 2 m 处仅为其 1/4,3 m 处仅为其 1/9。

为获得相同黑度,所需曝光量则与离射线源距离的平方成正比:

$$E_2/E_1 = (F_2/F_1)^2 \tag{4-3}$$

(3) 曝光因子

互易律给出了底片黑度一定时,射线强度与曝光时间相互变化的关系;平方反比定律给出了射线强度与距离之间的变化关系。将以上两定律结合一起,即可得曝光因子的表达式:

$$\psi_X = it / F^2 = i_1t_1/F_1^2 = i_2t_2/F_2^2 \tag{4-4}$$

$$\psi_\gamma = At / F^2 = A_1t_1/F_1^2 = A_2t_2/F_2^2 \tag{4-5}$$

$\psi_X$、$\psi_\gamma$——X 射线或 γ 射线曝光因子。

曝光因子清楚的表达了为获得产生一定黑度的曝光量,射线强度、曝光时间与焦距三者之间的关系。利用曝光因子,可对曝光量进行修正。

# 第二节　透照方式的选择和一次透照长度的计算

## 一、透照方式的选择

1. 透照方式分类

对接焊缝的透照方式依据射线照相胶片和射线源的相对位置以及成像形式划分:

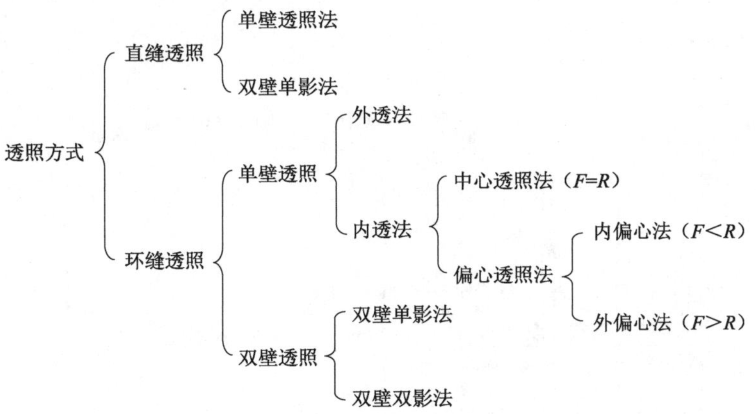


图 4-2　射线检测基本透照方式

以下给出一些对接焊缝典型透照方式示意图,可供透照布置时参考。

单壁透照布置如图 4-3、图 4-4 所示。

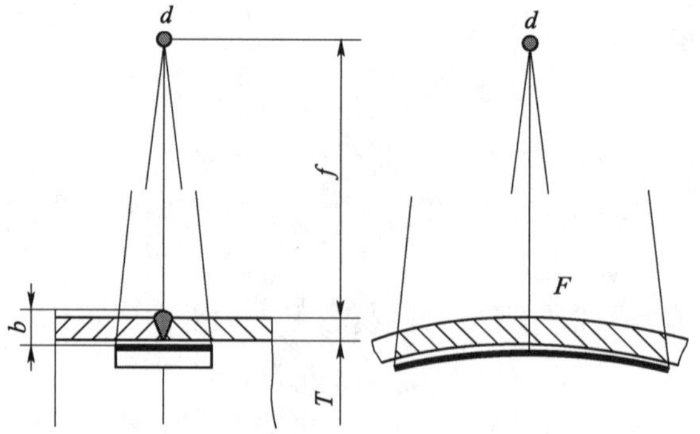


图 4-3　纵、环向焊接接头源在外单壁透照方式

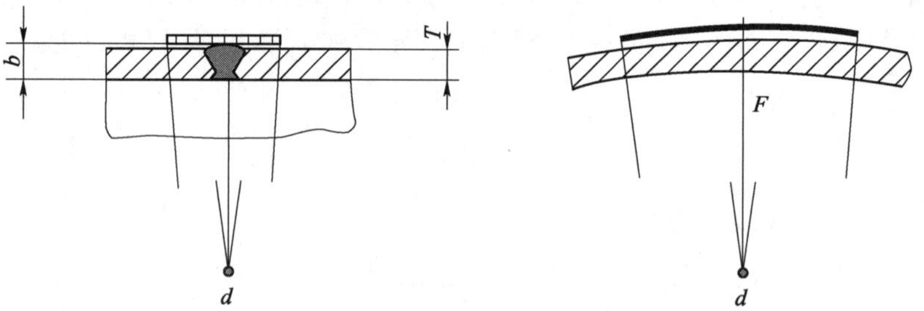


图 4-4　纵、环向焊接接头源在内单壁透照方式

双壁透照布置如图 4-5 至图 4-10 所示。

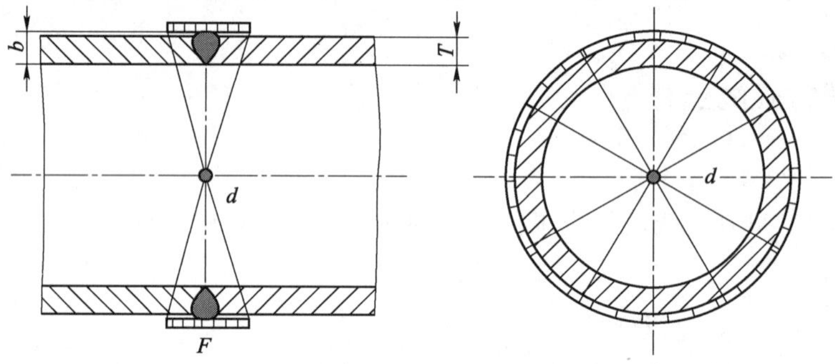


图 4-5　环向焊接接头源在中心周向透照方式

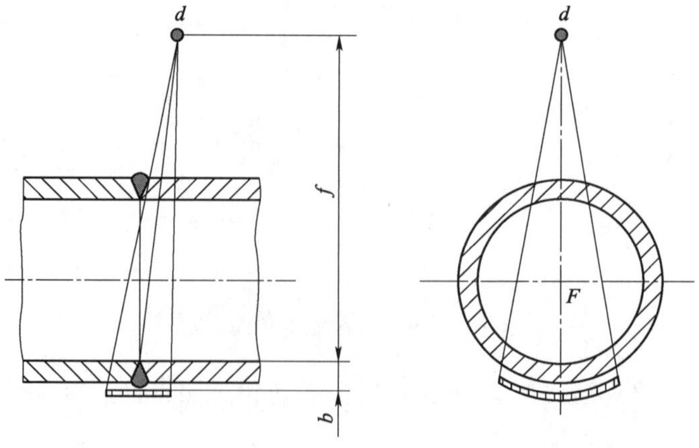


图 4-6　环向焊接接头源在外双壁单影透照方式(1)

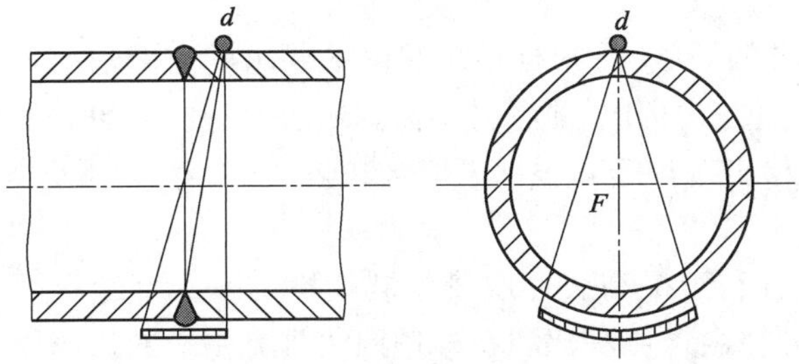


图 4-7　环向焊接接头源在外双壁单影透照方式(2)

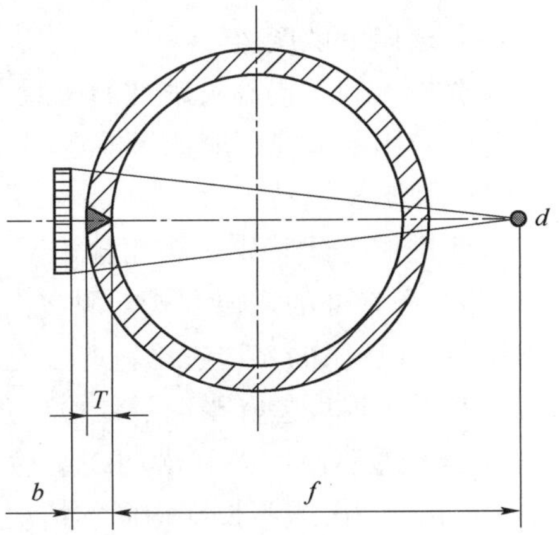


图 4-8　纵向焊接接头源在外双壁单影透照方式

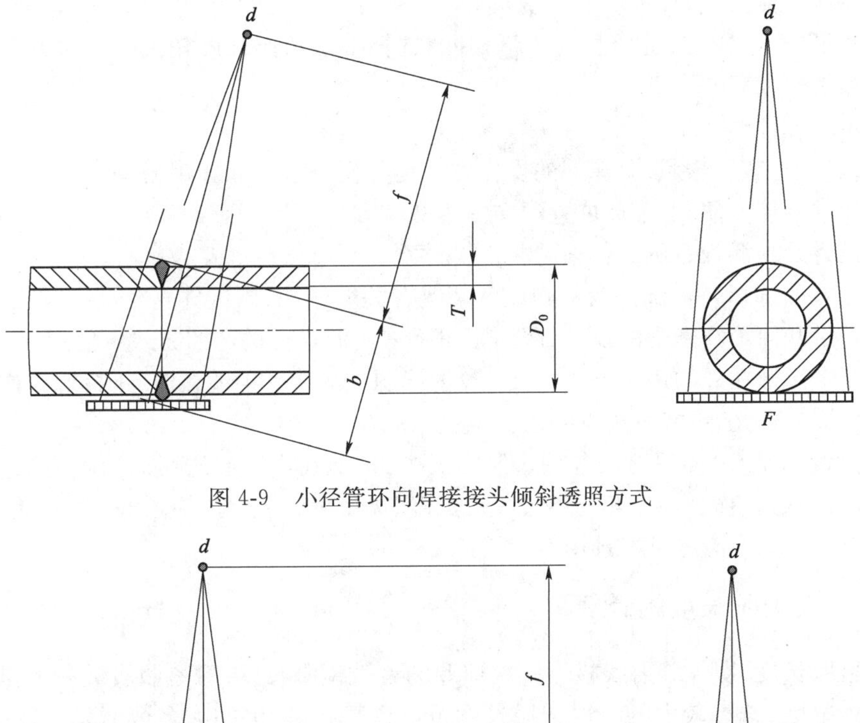


图 4-9　小径管环向焊接接头倾斜透照方式

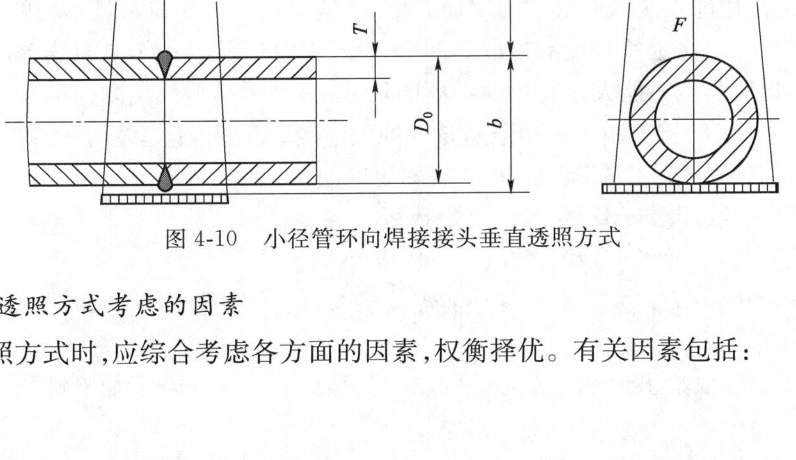


图 4-10　小径管环向焊接接头垂直透照方式

2. 选择透照方式考虑的因素

选择透照方式时,应综合考虑各方面的因素,权衡择优。有关因素包括:

(1) 透照灵敏度

应选择有利于提高灵敏度的透照方式。例如,单壁透照的灵敏度高于双壁透照,在两种方式都能采用的情况下应选择前者。

(2) 缺陷检出特点

有些透照方式特别适合于检出某些种类的缺陷,可根据检出缺陷的要求的实际情况选用。例如:源在外的透照方式与源在内的透照方式相比,前者对容器内壁表面裂纹有更高的检出率;双壁透照的直透法比斜透法更容易检出未焊透和根部未熔合缺陷。

(3) 透照厚度差和横向裂纹检出角

较小的透照厚度差和横向裂纹检出角有利于提高底片质量和裂纹检出率。环缝透照时,在焦距和一次透照长度相同的情况下,源在内透照法比源在外透照法具有更小的透照厚度差和横裂检出角。

(4) 一次透照长度

各种透照方式的一次透照长度各不相同,选择一次透照长度较大的透照方式可以提高检测速度和工作效率。

(5) 可操作性

一般来说,对容器透照,源在外的操作方式更方便一些。而球罐的 X 射线透照,上半球位置源在外透照较方便,下半球位置源在内透照较方便。

(6) 试件及检测设备的具体情况

透照方式的选择还与试件及检测设备情况有关。例如,当试件直径过小时,源在内透照可能不能满足几何不清晰度的要求,因而不得不采用源在外的透照方式。使用移动式 X 射线机时只能采用源在外的透照方式。使用γ射线源或周向X射线机时,选择源在内中心透照法对环焊缝周向曝光,更能发挥设备的优点。

值得强调的是,对环焊缝的各种透照方式中,以源在内中心透照周向曝光法为最佳,该方法透照厚度均匀,横裂检出角为 0°,底片黑度、灵敏度一致,缺陷检出率高,且一次透照整条环缝,工作效率高,应尽可能选用。

## 二、一次透照长度的计算

一次透照长度,即焊缝射线检测一次透照的有效检测长度,对透照质量和工作效率同时产生影响。显然,选择较大的一次透照长度可以提高效率,但在大多数情况下,透照厚度比和横向裂纹检出角随一次透照长度的增加而增大,这对射线照相质量是不利的。

实际工作中,一次透照长度的选取受两个方面因素的限制,一个是射线源的有效照射场的范围,一次透照长度不能大于有效照射场的尺寸;另一个是射线检测标准通过控制透照厚度比 $K$ 值的规定来间接限制了一次透照长度的大小,从而确定了焊缝的透照次数。

在 NB/T 47013.2—2015 标准中,$K$ 值的规定如下:

(1) 对于纵缝,A 级、AB 级,$K \leqslant 1.03$;B 级,$K \leqslant 1.01$;

(2) 对于环缝,A 级、AB 级,$K \leqslant 1.1$(1);B 级,$K \leqslant 1.06$。

注:对 100 mm$< D_0 \leqslant$400 mm 的环向焊接接头(包括曲率相同的曲面焊接接头),A 级、AB 级允许采用 $K \leqslant 1.2$。

$K$ 值与横向裂纹检出角 $\theta$ 有关,由图 4-11 可见:$\theta = \cos^{-1}(1/K)$。而 $\theta$ 又与一次透照长度

$L_3$有关，所以 $L_3$ 的长度可按照标准的规定通过计算求出。

透照方式不同，$L_3$ 的计算公式也不同。如图 4-2 所示列出的各种透照方式中，双壁双影法的一次透照有效检出范围，主要由其他因素决定，一般无需计算 $L_3$。除此之外的各种透照方式的一次透照长度 $L_3$，以及相关参量如搭接长度，有效评定长度 $L_{eff}$，最少曝光次数 $N$ 等均需计算得出。

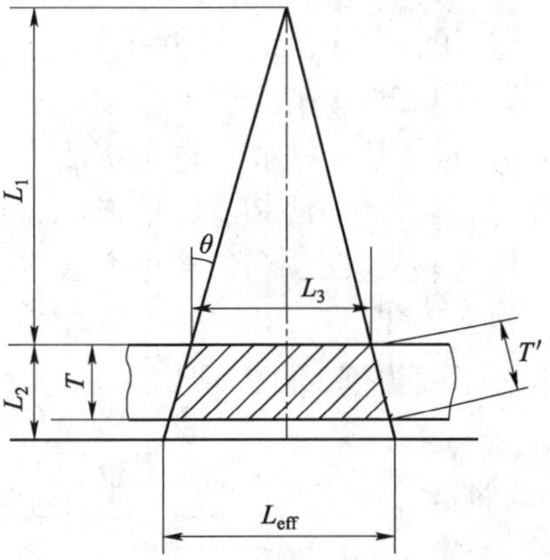

图 4-11　焊缝透照厚度比示意图

1. 直缝透照

直缝即平板对接焊缝或筒体纵缝，由图 4-11 所示有

$$K = \frac{T'}{T} = \frac{1}{\cos\theta}，即 \theta = \cos^{-1}(1/K) \tag{4-6}$$

$$L_3 = 2L_1 \tan\theta \tag{4-7}$$

对 A 级、AB 级：$K \leqslant 1.03$，则，$L_3 \leqslant 0.5L_1$

对 B 级，$K \leqslant 1.01$，则 $\theta \leqslant 8.07°$，$L_3 \leqslant 0.3L_1$

搭接长度和有效评定长度的计算：

搭接长度是指一张底片与相邻底片重叠部分的长度，有效评定长度是指一次透照检测长度在底片上的投影长度。实际工作中应该知道这两项数据，以确定所使用胶片的长度和底片的有效评定范围。

搭接长度$\Delta L$ 计算式可由相似三角形关系推出：

$$\Delta L = L_2 L_3 / L_1 \tag{4-8}$$

当 $L_3=0.5L_1$ 时，$\Delta L=0.5L_2$；当 $L_3=0.3L_1$ 时，$\Delta L=0.3L_2$。

底片的有效评定长度 $L_{eff}=L_3+\Delta L$。

实际透照时，如搭接标记放在射线源侧，则底片上搭接标记之间的长度即为有效评定长度。如搭接标记放在胶片侧（例如，采用双壁单影的方式透照纵焊缝），则底片上搭接标记以外还应附加$\Delta L$ 长度才是有效评定长度。

2. 查图表确定环焊缝透照次数

对环焊缝射线检测时，可通过查阅相关标准的透照次数曲线图来确定环缝 100%检测所需的最少透照次数，然后计算出环缝一次透照长度 $L_3$，以及其他相关参量可计算求出。

（1）透照次数曲线图

通过查图表能确定环向焊接接头 100%检测所需的最少透照次数，环焊缝一次透照长度 $L_3$，以及相关参数搭接长度$\Delta L$，有效评定长度 $L_{eff}$，需要计算求出。

环焊缝进行 100%射线检测所需的透照次数与透照方式和透照厚度比有关。由于内透中心法（$F=R$）和双壁双影法一次透照长度不需要计算，所以不同透照方式和透照厚度比组合，只需要制作 6 张透照次数曲线图，即：

1）源在外单壁透照 $K=1.06$。

2）源在外单壁透照 $K$=1.1。

3）源在外单壁透照 $K$=1.2。

4）偏心透照法和双壁单影法 $K$=1.06。

5）偏心透照法和双壁单影法 $K$=1.1。

6）偏心透照法和双壁单影法 $K$=1.2。

在 NB/T 47013.2—2015 标准附录 F 中，就给出了上述的 6 张透照次数曲线图，以下仅选取一张图为例，见图 4-12，为偏心透照法和双壁单影法透照环焊缝透照次数图。

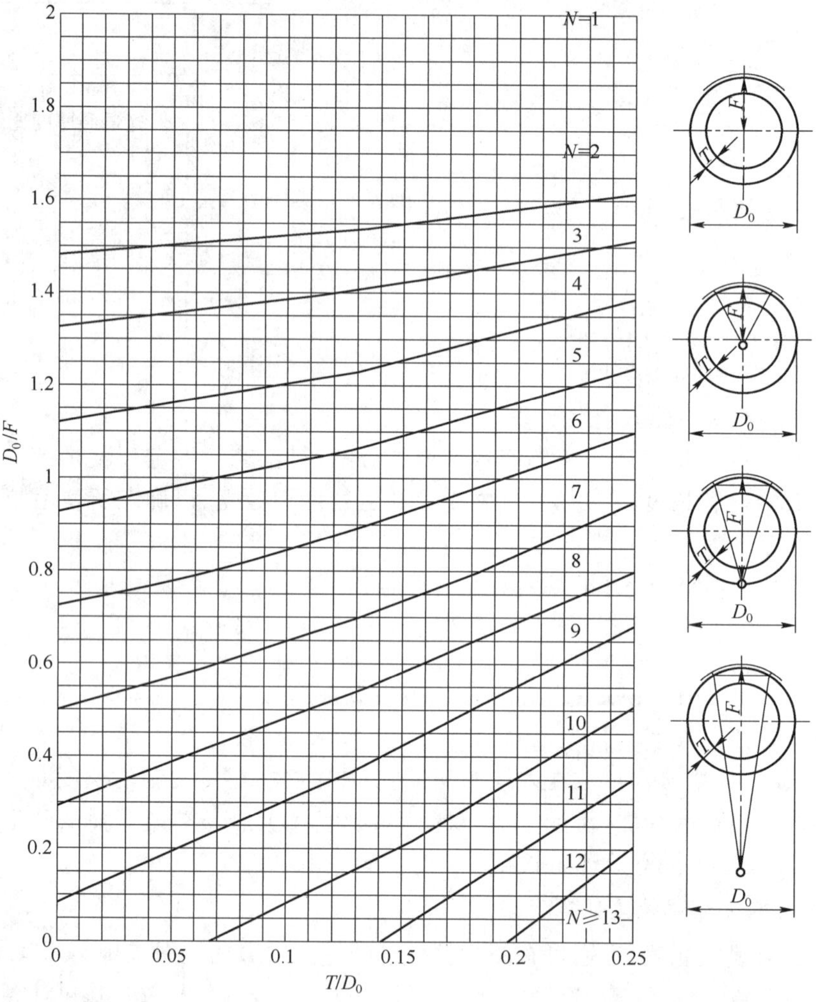


图 4-12　其他方式（偏心透照法和双壁单影法）透照环焊缝透照次数图，$K$=1.06

从透照次数图中确定透照次数的步骤是：计算 $T/D_0$、$D_0/F$，在横坐标上找到 $T/D_0$ 值对应的点，过此点画一垂直于横坐标的直线；从两直线交点所在的区域确定所需的透照次数 $N$；当交点在两区域的分界线上时，应取较大数值作为所需的最少透照次数。

（2）环焊缝一次透照长度及有关参量的计算

由透照次数 $N$ 可求得一次透照长度 $L_3$：$L_3=\pi D/N$　　(4-9)

其中：外等分长度 $L_3=\pi D_0/N$；内等分长度 $L_3'=\pi D_i/N$ (4-10)

有效评定长度 $L_{eff}=L_3+\Delta L$（源在内）或 $L_{eff}=L_3'+\Delta L$（源在外） (4-11)

搭接长度$\Delta L$ 以源在外透照的数值最大；源在内透照 $F\geqslant R$ 时，不需考虑搭接长度；源在内透照 $F\leqslant R$ 时，可通过计算求得精确值，也可近似取源在外透照的数值。

源在外透照时，搭接长度$\Delta L$ 的计算：

$$\Delta L=2T\tan\theta,\theta=\arccos(1/K) \tag{4-12}$$

$K=1.06$　$\theta=19.37°$　$\Delta L=0.703T$，为简化计算$\Delta L$ 可近似取 $0.7T$；

$K=1.1$　$\theta=24.62°$　$\Delta L=0.916T$，为简化计算$\Delta L$ 可近似取 $1T$；

$K=1.2$　$\theta=33.56°$　$\Delta L=1.326T$，为简化计算$\Delta L$ 可近似取 $1.4T$。

# 第三节　曝光曲线的制作及应用

## 一、曝光曲线的构成和使用条件

X 射线曝光曲线表示材料厚度与管电压及曝光量三者之间的关系。制作和应用曝光曲线的前提是：X 射线机和试件材料一定，胶片类型和增感屏一定，基准黑度一定，冲洗条件一定，焦距一定。

典型的曝光曲线图（E—T）见图 4-13，其横坐标表示材料厚度（mm），纵坐标表示曝光量，参数为管电压（kV），用不同斜率的斜线表示。由该曝光曲线图，可求出一定管电压下用一定焦距透照一定材料厚度所需要的适当曝光量。

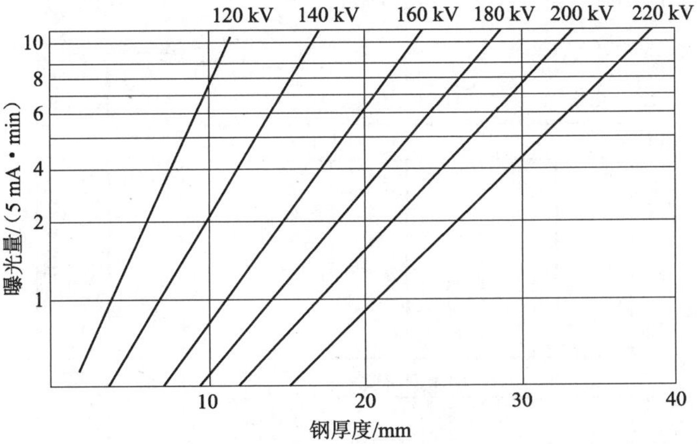


图 4-13　X 射线曝光曲线

每台 X 射线机都应有曝光曲线，作为日常控制能量和曝光量的依据，并且在实际使用中还要根据具体情况作适当修正。

γ 射线曝光曲线图与 X 射线曝光曲线图相似，但无与管电压相应的变量。给定放射性同位素如 $^{75}Se$ 的曝光曲线图，是一条适用于一种胶片和一种黑度的斜线。图 4-14 所示曝光曲线中列出了两条适用于两种胶片的斜线。

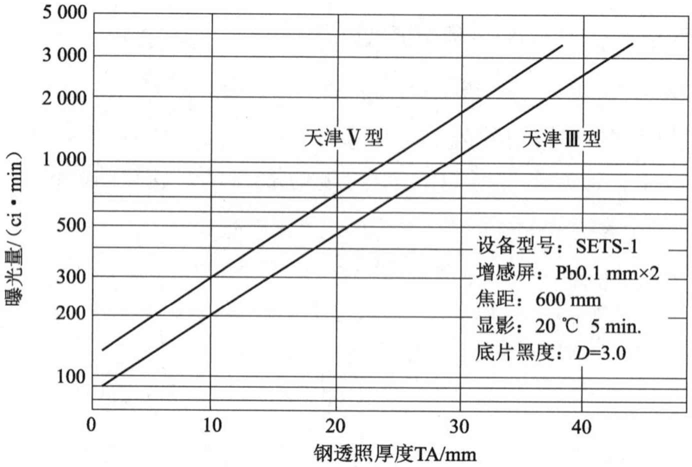


图 4-14 $^{75}$Se γ 射线源曝光曲线图

## 二、曝光曲线的制作

曝光曲线是在机型、胶片、增感屏、焦距等条件一定的前提下，通过改变曝光参数(固定“kV”、改变“mA·min”或固定“mA·min”改变“kV”透照由不同厚度组成的钢阶梯试块，根据给定冲洗条件洗出的底片所达到的某一基准黑度(3.0 或 2.0)，来求得“kV”“mA·min”、$T$ 三者之间关系的曲线。

所使用的阶梯试块面积不可太小，其最小尺寸应为阶梯厚度的 5 倍，否则散射线将明显不同于均匀厚度平板中的情况。另外，阶梯试块的尺寸应明显大于胶片尺寸，否则要作适当遮边。阶梯试块见图 4-15。

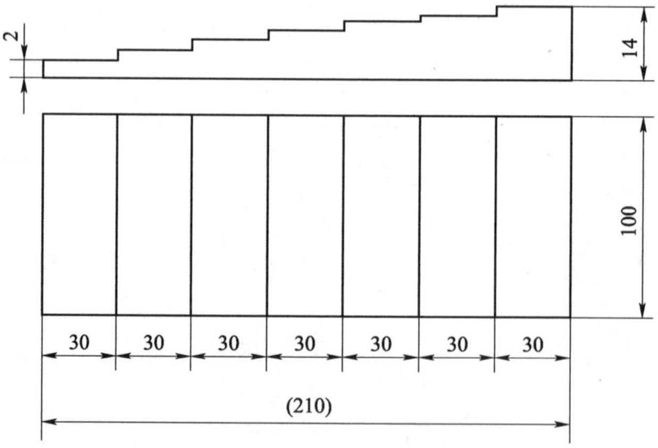


图 4-15 制作曝光曲线的阶梯试块

按有关透照结果绘制 $E$-$T$ 曝光曲线的过程如下。

(1) 绘制 $D$-$T$ 曲线

采用较小曝光量、不同管电压拍摄阶梯试块，获得第一组底片。再采用较大曝光量、不同管电压拍摄阶梯试块，获得第二组底片，用黑度计测定获得透照厚度与对应黑度的两组数据，绘制出 $D$-$T$ 曲线图(见图 4-16)。

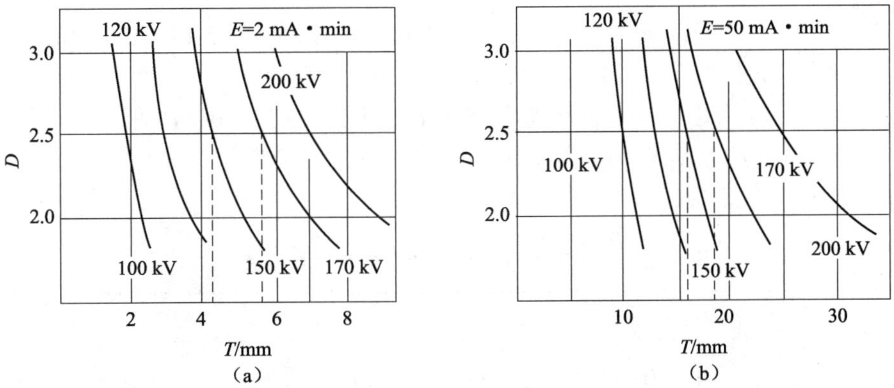


图 4-16　制作曝光曲线的 $D$-$T$ 曲线

(a) 小曝光量 $D$-$T$ 曲线；(b) 大曝光量 $D$-$T$ 曲线

(2) 绘制 $E$-$T$ 曲线

选定一基准黑度值，从两张 $D$-$T$ 曲线图中分别查出某一管电压下对应于该黑度的透照厚度值。在 $E$-$T$ 图上标出这两点，并已直线连接既得该管电压的曝光曲线。如图 4-17 所示。

## 三、曝光曲线的使用

从 $E$-$T$ 曝光曲线上求取透照给定厚度所需要的曝光量，一般都采用“一点法”，即按照射线束中心穿透厚度确定与某一“kV”相对应的 $E$。

以 12 mm 为透照厚度查图 4-17 所示的曝光曲线，可得到三组曝光参数：150 kV，18 mA · min；或 170 kV，10 mA · min；或 200 kV，5 mA · min。具体选择哪一组参数，则应根据工件厚度是否均匀，宽容度是否满足要求，以及照相灵敏度、工作时间、效率等因素，选择高能量小曝光量的组合或低能量大曝光量的组合。

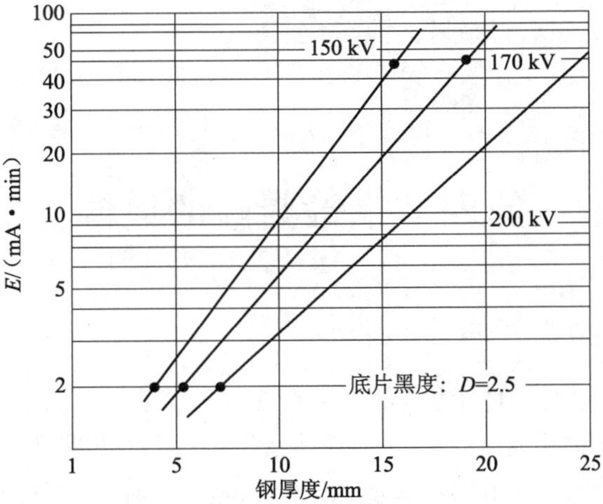


图 4-17　$E$-$T$ 曲线

## 四、γ 射线曝光时间的计算

γ 射线检测时，曝光时间的应根据源强、焦距、材料种类、胶片特性及暗室处理条件等因素综合考虑。当有针对特定胶片的 γ 射线源曝光曲线时,可通过查曝光曲线的方式确定曝光时间。在没有曝光曲线时,常用的方法是“专用计算尺”法。

γ 射线曝光计算尺是根据点源计算公式及衰减定律而得。具体制作方法是将胶片受照剂量(胶片受照剂量值见表 4-4)以及放射源强、钢板厚度、焦距等分别作为单一变量制成两个定尺,两个动尺(见图 4-18)。

**表 4-4 胶片受照剂量和底片黑度对应表**

| 胶片种类 | 黑度 | | | | | |
|---|---|---|---|---|---|---|
| | 1.0 | 1.5 | 2.0 | 2.5 | 3.0 | 4.0 |
| Agfa D7 | 2.06 | 3.10 | 4.13 | 5.16 | 6.19 | 7.74 |
| Agfa D5 | 3.30 | 4.95 | 6.60 | 8.26 | 9.91 | 12.28 |

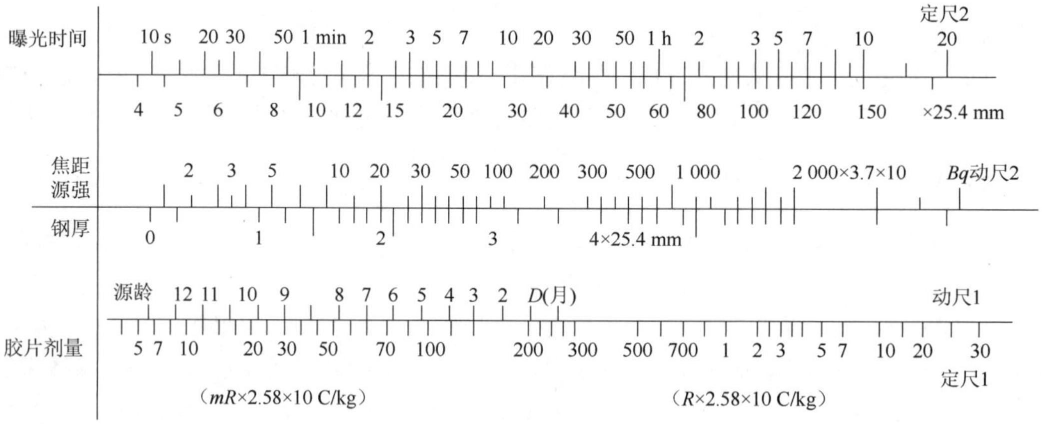


图 4-18 γ 射线曝光计算尺

使用时,可按下述顺序求得结果:

胶片受照剂量/定尺 1→[源龄—钢厚]/动尺 1→[源强—焦距]/动尺 2→曝光时间/定尺 2。

由于制作精度的原因,当焦距较大时,用计算尺求得的结果均偏小。

# 第四节 散射线的控制

## 一、散射线的来源和危害

当一束 X 射线照射到物体上时,部分射线被吸收,部分被散射,还有部分则直接透过。散射线波长较长,线质较软,穿透力比一次射线弱。任何物质受到直射线照射,都会变成散射源。散射线会使射线底片上记录的影像增加灰雾黑度,降低对比度,因此射线照相时必须采取措施减少散射线影响。

通常,影响胶片的散射线大部分来自试件本身。但胶片暗袋超出试件、受直射线照射的部分,也会成为影响胶片成像质量的散射源。这种散射影响在试件影像边界内非常明显。同样,一次射线通过试件薄区照射到胶片暗袋上,也会引起散射,影响到相邻厚区的影像。

这种散射称为“边蚀”。另外，还有由试件孔眼或缝隙引起的衍射，会成为试件产生边蚀的散射源。

其他物体如墙壁或地面等，也会在试件的胶片侧产生大量散射线，作用到胶片上，特别是当试件背面物体受到直射线照射时。这种散射线称为背散射线。这种情况有时会在胶片上产生严重雾翳。

### 二、散射线的控制措施

散射线对射线照相质量是有害的，但由于受射线照射的一切物体都是散射源，所以实际上散射是无法消除的，只能设法尽量减少。控制散射线的措施有下面几种。

1. 屏蔽

视所用射线能量范围和被透照试件的厚度，使用适当厚度的铅板遮挡或屏蔽试件，可将散射线减少到最低程度。对透照四周形状不规则的试件，可将铅板剪成相应形状，紧遮在试件边缘。屏蔽法（或遮挡法）主要适用于那些不能全部覆盖胶片的试件。其他屏蔽法还有厚度补偿法等。

2. 铅屏

装在暗袋中与胶片紧贴的铅增感屏，能将作用到胶片上的各种射线源产生的散射线，减少到最低程度。

在暗袋背后近距离如有金属或非金属材料的物体，例如：钢平台、水泥地面等，会产生较强的散射线。此时，在暗袋后面加一块铅板以屏蔽背散射线。

3. 铅罩和光阑

使用铅罩和铅光阑可以减小照射场的范围，从而在一定程度上减少散射线。

4. 滤板

滤板可置于被检试件与 X 射线源之间，起到硬化射线的作用，可降低主因对比度。

滤板也可置于试件与胶片暗袋之间，通常用于 $^{192}Ir$ 或 $^{60}Co$ 射线照相，作用是减少工件中产生的低能散射线。

## 第五节　射线检测常规工艺

射线照相应用最多的对象是焊接接头的缺陷检测，本节主要讨论对接焊缝射线照相检测的工艺。

本节所述的“常规”工艺是指适用于一般的钢制设备和管道对接焊缝的射线照相工艺。被检试件的材质、形状、结构、尺寸不具有特殊性，不需要在工艺中考虑特殊的针对性措施。

工艺的内容应符合有关法规、标准及有关设计文件和管理制度的要求。工艺条件和参数的选择首先应当考虑检测工作质量，即缺陷检出率、照相灵敏度和底片质量，但检测速度、工作效率和检测成本也是需要考虑的主要因素。

### 一、直缝透照常规工艺

直缝即平板对接焊缝或筒体纵缝，是最简单的焊缝试件，承压设备的筒体纵缝、焊接试板，以及封头板拼缝都是这种形式。

按照 NB/T 47013.2—2015 标准 AB 级要求编制平板对接焊缝透照工艺一例，一些透照条件和参数的选择如下。

透照方式：平板对接焊缝试板的透照方式只有单壁透照一种方法。

焦距：根据标准，射线源至工件表面的距离 $f$ 应满足 $f \geqslant 10\ d \cdot b^{2/3}$（$d$ —射线源有效焦点尺寸，$b$ —工件射线源侧表面与胶片之间的距离）。一般选择的焦距大于标准规定的焦距最小值，同时还应考虑焦距对一次透照长度的影响和对曝光量的影响，不宜过大或过小。

管电压：在保证穿透力的前提下，X 射线照相应选用较低的管电压，在采用较高管电压时，应保证适当曝光量。图 4-19 规定了不同材料、不同透照厚度允许采用的最高管电压。具体采用的管电压值根据试件厚度查曝光曲线选定。

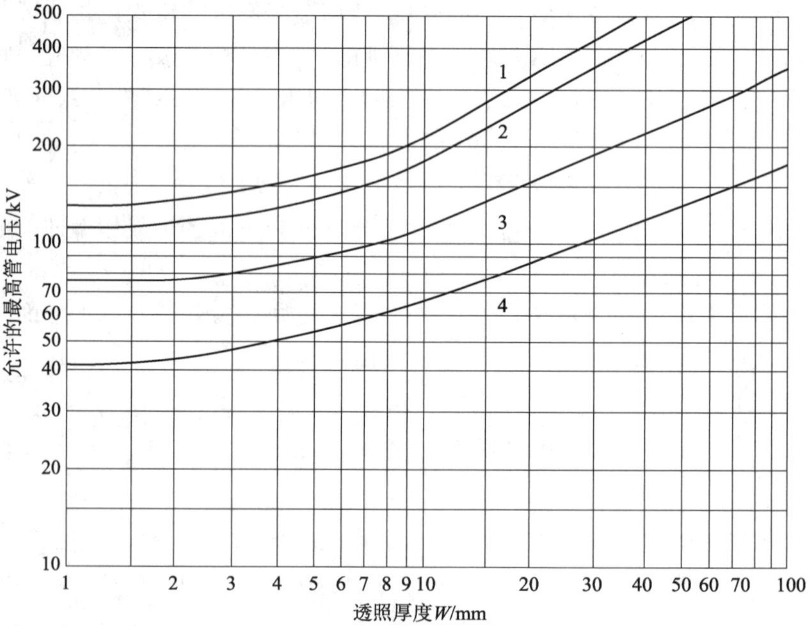


图 4-19 不同透照厚度允许的 X 射线最高透射电压

1—铜及铜合金，镍及镍合金；2—钢；3—钛及钛合金；4—铝及铝合金

曝光量：X 射线照相，当焦距为 700 mm 时，曝光量的推荐值为：A 级和 AB 级射线检测技术不小于 15 mA·min。当焦距改变时可按平方反比定律对曝光量的推荐值进行换算。具体采用的曝光量结合焦距和管电压数值查曝光曲线选定。

一次透照长度：根据标准中透照厚度比 $K$ 值规定，此处取 $K \leqslant 1.03$，计算允许的最大一次透照长度，然后结合试件和设备器材情况确定具体数值。

胶片尺寸：胶片长度为一次透照长度加搭接长度，再加适当余量。胶片宽度是规格化的，但要保证覆盖整个检测区域，并加适当余量。

## 二、环焊缝透照常规工艺

环焊缝透照的透照方式和焦距的选择有关要点简述如下。

透照方式：环焊缝的透照方式有多种选择，一般来说，在单壁透照和双壁透照之间应优先选择单壁透照，双壁透照仅在单壁透照无法实施时才采用（如管道焊缝双壁单影透照）。在源在内和源在外之间的选择，应优先选择源在内，因其具有较低的透照厚度比，较小的横裂检出角，较大的一次透照长度，但有时因工件和设备原因，采用源在内的焦距不能满足要求，或操作明显不便，在这些情况下也可选择源在外的透照方式。

焦距：源在内透照时，首先应考虑选择中心透照法，此时焦距等于环焊缝半径（$F=R$）；对环焊缝的其他透照方式，如仅仅考虑获得较小的 $K$ 值和 $\theta$ 角，或较大的一次透照长度，则焦距的选择有以下规律：对源在内偏心透照法，焦距 $F$ 与试件半径 $R$ 越接近越好。即 $F>R$ 时，宜取较小的 $F$ 值，而 $F<R$ 时，宜取较大的 $F$ 值；对源在外的透照法，单壁透照时，宜取较大的 $F$ 值，双壁透照时，宜取尽可能小的“$F$”值。

当然，实际透照时选择焦距，并不仅仅考虑 $K$ 值，$\theta$ 角和一次透照长度，还必须同时考虑其他因素。

## 三、小径管环焊缝透照工艺

外径 $D_0 \leqslant 100$ mm 的管子称为小径管，一般采用双壁双影法透照其焊缝。

标准 NB/T 47013.2—2015 标准规定，小径管环焊缝采用双壁双影透照布置，当同时满足下列两条件时应采用倾斜透照方式椭圆成像：$T$（壁厚）$\leqslant 8$ mm；$g$（焊缝宽度）$\leqslant D_0/4$，椭圆成像时，应控制影像的开口宽度（上下焊缝投影最大间距）在 1 倍焊缝宽度左右。不满足上述条件或椭圆成像有困难时可采用垂直方式重叠成像。小径管环焊缝 100%检测的透照次数：采用倾斜透照椭圆成像时，当 $T/D_0 \leqslant 0.12$ 时，相隔 90° 透照 2 次。当 $T/D_0 > 0.12$ 时，相隔 120° 或 60° 透照 3 次。垂直透照重叠成像时，一般应间隔 120° 或 60° 透照 3 次。

1. 椭圆成像法

胶片暗盒平放，射线源焦点偏离焊缝中心平面一定距离（称为偏心距 $L_0$），以射线束的中心部分或边缘部分透照被检焊缝（见图 4-20）。偏心距适当，可按椭圆开口宽度（$q$）的大小算出，

$$L_0 = (b + q)L_1 / L_2 \tag{4-13}$$

式中，$b$——焊缝宽度；

$q$——椭圆开口宽度。

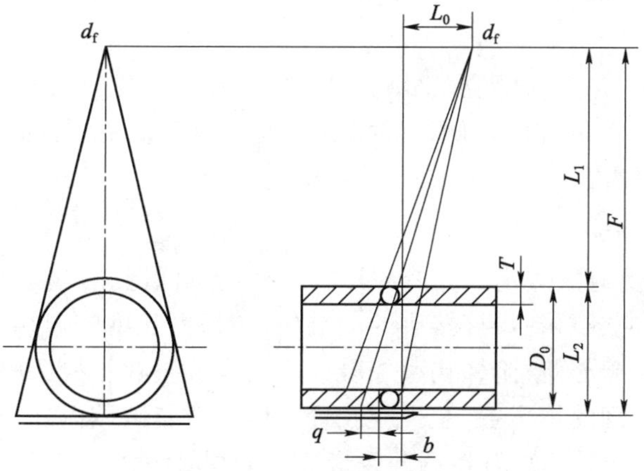


图 4-20　小径管环焊缝椭圆成像透照布置图

当考虑焊缝余高$\Delta h$时，$L_1 = F - (D_0 + \Delta h)$，$L_2 = D_0 + \Delta h$。

应控制椭圆影像的开口宽度(上下焊缝投影最大间距)在1倍焊缝宽度左右。如偏心距太大，椭圆开口宽度过大，窄小的根部缺陷(裂纹、未焊透等)有可能漏检，或者因影像畸变过大，难于评判。偏心距太小，椭圆开口宽度过小，又会使源侧焊缝与片侧焊缝根部缺陷不易分开。

2. 重叠成像法

不满足椭圆成像条件时，或是为了重点检测根部裂纹和未焊透等特殊情况下，采用重叠成像法，见图 4-21。当发现不合格缺陷后，由于不能分清缺陷处于射线源侧或是胶片侧焊缝中，一般多做整圈返修处理。

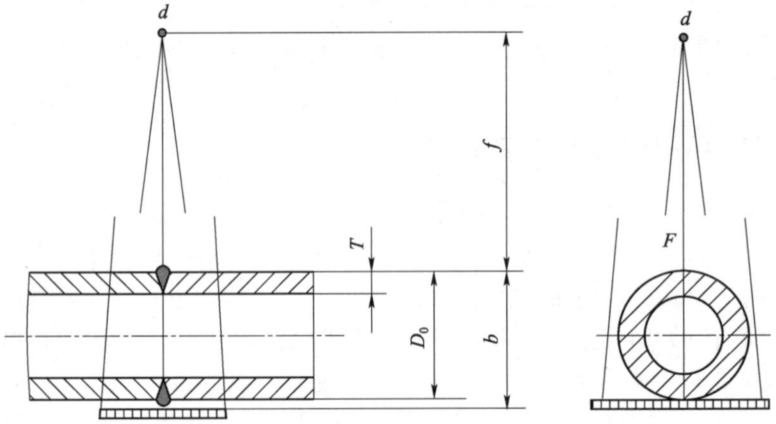


图 4-21 小径管环焊缝重叠成像透照布置图

## 四、焊缝透照的基本操作

透照操作应严格遵守工艺规定，操作程序、内容及有关要求简述如下。

1. 试件检查及清理

试件上有妨碍射线穿透或妨碍贴片的附加物，如设备附件、保温材料等，应尽可能去除。试件表面质量应经目视检测合格，如表面不规则状态可能在底片上产生掩盖焊缝中缺陷的图像时，应对表面进行打磨修整。

2. 划线

按照工艺文件规定是检测部位、比例、一次透照长度，在工件上划线。采用单壁透照时，需要在试件两侧(射线源侧和胶片侧)同时划线，并要求两侧所划的线段应尽可能对准。采用双壁单影透照时，只需在试件一侧(胶片侧)划线。

3. 像质计和标记摆放

按照标准和工艺的有关规定摆放像质计和各种铅字标记。

线型像质计一般应放置在焊接接头的一端(在被检区长度的 1/4 左右位置)，金属线应横跨焊缝，细金属线置于外侧；阶梯孔型像质计一般应放置在被检区中心部位的焊接接头热影响区外，在不可能实现的情况下，至少应放置于熔敷金属区域以外。当一张胶片上同时透照多条焊接接头时，像质计应放置在透照区最边缘的焊缝处。

单壁透照中像质计放置在胶片侧时，应进行对比试验。对比试验方法是在射线源侧和胶片侧各放置一个像质计,用与工件相同的条件透照,测定出像质计在射线源侧和胶片侧的灵敏度差异,以此修正像质计灵敏度的规定,以保证实际透照的底片灵敏度符合要求。

当像质计放在胶片侧时,应在像质计上适当位置放置铅字“F”作为标记,F 标记的影像应与像质计的标记同时出现在底片上,且应在检测报告中注明。

小径管对接焊缝,使用通用线型和专用等径线型像质计时,金属线应垂直焊缝且应横跨焊缝放置。

当采用源在内($F=R$)的周向曝光技术时,只需在圆周上等间隔地放置 3 个像质计即可(或依据不同标准要求)。

各种铅字标记应齐全,至少应包括:焊缝定位标记(如中心标记,搭接标记),工件编号,焊缝编号,部位编号。返修透照时,应加返修标记 $R$。对余高磨平的焊缝,应增加指示焊缝位置的铅丝标记等。

各种标记的摆放位置应距焊缝边缘至少 5 mm(或 10 mm)。其中搭接标记的位置:在双壁单影或源在内 $F>R$ 的透照方式时,应放在胶片侧,其余透照方式应放在射线源侧。

4. 贴片

采用可靠的方法(磁铁、绳带等)将胶片(暗盒)固定在被检位置上,胶片(暗盒)应与工件表面紧密贴合,尽量不留间隙。

5. 对焦

将射线源安放到适当的位置,使射线束中心对准被检区中心,并使焦距符合工艺规定。

6. 散射线防护

按照工艺的有关规定执行散射线防护措施。

7. 曝光

以上步骤完成后,并确定现场人员放射防护安全符合要求,方可按照工艺规定的参数和仪器操作规则进行曝光。

曝光完成即为整个透照过程结束,曝光后的胶片应及时进行暗室处理。

## 思考题

1. 简述射线照相检测中射线源选择的原则。
2. 曝光量互易率是什么?其适用的条件是什么?
3. 怎样利用平方反比定律计算曝光量?
4. 管道环焊缝常用透照方法有哪些?
5. 选择透照方式需考虑哪些因素?
6. 什么是透照厚度比 $K$ 值?在我国的射线检测标准中,$K$ 值一般规定是多少?
7. 简述如何运用曝光曲线确定曝光参数?
8. 简述散射线的来源和危害以及控制措施?
9. 直焊缝透照时,透照的焦距、一次透照长度和有效评定长度如何确定?
10. 环焊缝中心透照有何优点?在什么情况下采用中心透照?
11. 小径管采用倾斜透照椭圆成像时,如何计算偏心距?

# 第五章　射线检测工艺规程和工艺卡

## 第一节　射线检测工艺规程

射线检测规程通常可分为通用规程和工艺卡两种类型。

根据现行标准和相关要求制定的正确完成射线检测工作的程序文件称为射线检测规程。在某种检测方法或某类产品范围内通用的程序文件称为射线检测通用规程。

### 一、射线检测规程的内容

射线检测规程至少包括以下内容(但不限于)：

(1) 规程版本号；

(2) 适用范围；

(3) 依据的法规、标准或其他技术文件；

(4) 检测人员资格要求；

(5) 检测设备和器材，以及检定、校准或核查的要求及运行核查的项目、周期和性能指标；

(6) 工艺规程涉及的相关因素项目及其范围；

(7) 不同检测对象的检测技术和检测工艺选择，以及对操作指导书的要求；

(8) 检测实施要求：检测时机、检测前的表面准备要求、检测标记、检测后处理要求等；

(9) 检测结果的评定和质量分级；

(10) 检测记录的要求；

(11) 检测报告的要求；

(12) 编制者(级别)、审核者(级别)和批准者；

(13) 编制日期。

对照以上要求，具体来说，射线检测规程至少应包括的内容有：受检测物项的类型(形状、规格和材料)；检测区域和表面状态等；射线源(类型和规格)、胶片、增感屏、滤光片、遮挡物质、像质计、位置标记、胶片处理设备和观察设备等；具体的射线检测技术(射线源与检测部件的相对位置，胶片暗盒组成，像质计类型、放置位置和数量，标记要求，曝光条件，胶片处理条件；胶片质量要求等)。

### 二、射线检测规程示例

例 5-1：某核电工程核 1 级管道焊缝，管道材料均为不锈钢，管道规格有 $\phi$323.8 mm×28.58 mm、$\phi$273.0 mm×25.4 mm、$\phi$168.3 mm×18.26 mm、$\phi$60.3 mm×8.74 mm 等。要求按照 RCC-M 标准实施射线检测。根据以上条件编制检测规程如下。

# 管道焊缝射线检测规程

## 一、目的

本规程规定了对某核电厂核电厂管道焊缝实施射线检测的技术要求和验收标准。

## 二、适用范围

本规程适用于某核电厂核 1 级管道焊缝射线检测。

## 三、参考文件

1）民用核安全设备无损检验人员资格管理规定(HAF 602)。
2）压水堆核岛机械设备设计和建造规则(RCC-M,2000 年版及 2002 年补遗)。

## 四、人员资格要求

1）从事射线检测的人员应按照《民用核安全设备无损检验人员资格管理规定》(HAF 602)的要求,取得射线检测资格证书,资格证书应在有效期内。

2）具有射线检测Ⅰ、Ⅱ、Ⅲ级资质的检测人员经授权后均可从事射线检测工作,但射线检测Ⅰ级人员不能单独从事射线检测工作,必须在射线检测Ⅱ级或Ⅲ级人员的监督和指导下从事射线检测工作;检测结果和底片的评定、显示的解释及检测报告的编写、审核必须由具有射线检测Ⅱ级或Ⅲ级资格的人员担任。

## 五、被检对象和检测区域

1. 被检对象

被检对象为核 1 级管道焊缝,涉及以下规格管道焊缝 $\phi$323.8 mm×28.58 mm、$\phi$273.0 mm×25.4 mm、$\phi$168.3 mm×18.26 mm、$\phi$60.3 mm×8.74 mm 等,管道材料为不锈钢。

2. 检测区域

检测区域包括焊缝熔敷金属和两侧至少 10 mm 的母材区。

## 六、检测条件

1）在检测之前,检测人员应核查被检焊缝标识号,明确待检焊缝的确切位。

2）射线检测之前应对受检焊缝进行目视检测,以确定受检区域表面应无异物和任何有碍射线底片评定的不平整状态。

3）应保证整体检测区域保温层的拆除,且必须排尽管道内的流体介质。被检部件的表面温度不超过 40 ℃。如焊缝位置较高,必要时需搭建脚手架。

## 七、检测设备和器材

1. 射线源和射线源控制装置

检测使用 $^{192}$Ir 射线源,射线源机选用 880DELTA 型。射线源的活度和焦点尺寸应根据受检工件规格尺寸和采用的透照方法进行选择。射线源机和射线源控制装置应提前试用，确保处于完好状态。

2. 胶片

应使用符合 RCC-M 要求的 C2 类胶片，选择 AGFA D3 型(或同等级的其他牌号)胶片，并使用与胶片配套的显、定影液。

胶片须在有效期内，且使用胶片的灰雾度数值不超过 0.3。每一次射线检测前应从同一批未曝光的胶片中取样进行灰雾度测量，其暗室处理条件应与实际射线检测时使用的条件相同。

3. 像质计

采用 EN462-1 金属线型像质计，线型像质计的型号规格应符合标准要求。

4. 增感屏

增感屏是附有纸基的铅箔，增感屏必须干净、无划伤。采用双胶片技术。

增感屏有前屏、中屏和后屏，其铅箔厚度要求如下：厚度为 0.20 mm 的前屏；厚度为 2×0.10 mm 的中屏；厚度为 0.20 mm 的后屏。

5. 滤光板

滤光板选用铅板，置于被检工件和装有胶片及增感屏的暗盒间，滤光板厚度的选择见表 5-1。0.5～1.0 mm 厚的滤光板，在其一个角上钻一个直径 3 mm 的孔。必要时，每一块滤光板应编号，以便排除评片时出现的某些疑问。

**表 5-1 滤光板厚度的选择**

| 透照厚度 $e$/mm | 滤光板厚度(铅)/mm |
|---|---|
| $e \leqslant 40$ | 0.5 |
| $40 < e \leqslant 60$ | 1 |

6. 防背散射铅板

防背散射铅板厚度应不小于 2 mm，可在其一个角上钻两个直径 5 mm 孔。防背散射铅板放在暗盒背后。

出现在较淡的背景上，则不得作为射线底片质量不合格的依据。如果是在完全相同的条件下重复透照，则这种核查可以只在第一次透照时进行。出现在较淡的背景上，则不得作为射线底片质量不合格的依据。如果是在完全相同的条件下重复透照，则这种核查可以出现在较淡的背景上，则不得作为射线底片质量不合格的依据。如果是在完全相同的条件下重复透照，则这种核查可以只在第一次透照时进行。

7. 标记

射线照相时使用铅字作定位标记，识别标记可以用铅字也可以用打标器在暗室预先标记在胶片上。

8. 评片设备

(1) 黑度计

1) 底片黑度用黑度计测量，黑度计直接读数精度为 0.1。

2）对每张底片评定时，都要进行黑度测定。黑度计应在校准证书的有效期内使用。

3）为正确测量射线底片的黑度值，每次使用前和至少每隔 90 天，都须使用 7.8.2 所描述的标准黑度片校准黑度计。

4）黑度计达到热稳定后进行校验，包括零位调节和显示黑度值与标准黑度片黑度标定值的比较，其偏差应小于 0.1。

（2）标准黑度片

标准黑度片在黑度 0～4.3 之间至少有 8 个黑度值。标准黑度片由计量部门检定，具有检定证书，并在有效期内。

（3）观片灯

评片用观片灯应能观评黑度值为 4.5 的底片。

9. 粘胶带

用于奥氏体不锈钢和镍基合金材料的粘胶带应符合以下要求：

（1）含卤素最大允许含量为 $200\times10^{-6}$。

（2）含硫最大允许含量为 $200\times10^{-6}$。

（3）检测结束后应去除所有工件表面的粘胶带。

## 八、检测技术及操作步骤

1. 射线检测技术

（1）外径 $\Phi\leqslant 90$ mm

双壁双影法，包括垂直透照或椭圆透照两种方法，应至少在互成 90° 方向透照两次。当比值 $\phi/T\leqslant10$，采用垂直透照法；（注：$\phi$ 为管子外径，$T$ 为管壁厚度。）当比值 $\phi/T>10$，采用垂直透照法或椭圆透照法。至少在间隔 90° 的位置透照两次。

（2）外径 $\phi>90$ mm

双壁单影法。双壁单影分段透照的次数要求如下（管道外径—透照次数）：$\phi$88.9 mm—4 次，$\phi$114.3 mm—4 次，$\phi$168.3 mm—5 次，$\phi$219.1 mm—5 次，$\phi$273.0 mm—6 次，$\phi$323.8 mm—6 次。

2. 几何不清晰度限值

几何不清晰度限值为 0.3 mm。

3. 曝光量的确定

现场使用 γ 射线曝光尺计算。

4. 像质计的放置

双壁双影法透照时，像质计置于源侧。双壁单影法透照时，置于胶片侧，在像质计旁放置铅字“F”。像质计钢丝应横跨焊缝段。

5. 曝光胶片的处理

胶片处理应在曝光后 8 小时之内完成，最长不得超过 24 小时。

（1）底片处理方法

采用手工洗片处理方法，采用与胶片相配套的手工处理显、定影液，按胶片制造商推荐的方法进行手工冲洗，温度和处理时间应满足以下要求，具体见表 5-2。

表 5-2 胶片手工处理条件

| | 显影 | 定影 | 冲洗 |
|---|---|---|---|
| 温度 | (20±1)℃ | (20±4)℃ | 常温 |
| 时间 | 5～8 分钟 | 最短 10 分钟 | 最短 30 分钟 |

(2) 硫代硫酸盐离子的含量的测试

显、定影液配置完成 24 小时之后及胶片处理后一周之内，进行底片硫代硫酸盐离子的含量的测试，测试方法如下：将处置过的底片用胶片制造商推荐的溶液进行化学浸蚀，侵蚀后所得到的图像，与代表各种浓度的典型图像，在日光下，进行颜色对比，据此评定硫代硫酸盐离子的含量。测试对象包括基准底片或从检测底片中选取。

如果检测发现硫代硫酸盐离子浓度大于 0.050 $g/m^2$，应采取以下措施：

1) 停止胶片的处理工作，待采取纠正措施后再进行；

2) 重新处理基准底片(定影+冲洗)；

3) 重新检测基准底片；

4) 重新处理所有硫代硫酸盐离子含量不合格的底片。

(3) 暗室处理的其他要求

1) 新配置的定影液应在使用前利用曝光后的胶片进行时效处理；

2) 不使用时，应采取措施防止显影液和定影液的蒸发和氧化；

3) 每升显影液已经显影了大约 0.5 $m^2$ 胶片，或者最迟在初次使用后两个月时，必须更换；

4) 胶片从显影液中取出后，应即刻放入流动水槽中浸泡约 2 分钟；

5) 用于处理胶片的水应清洁，无悬浮颗粒且尽可能经过过滤；

6) 可使用湿润剂以防止胶片在干燥期间形成水迹。

6. 底片的评定

(1) 底片质量的检测

底片质量的检测包括如下内容：

1) 底片黑度是否满足要求；

2) 要求的像质计上的金属线是否可见；

3) 射线底片标记是否完整、正确；

4) 评片区没有影响底片评定的伪缺陷(例如：划伤、水迹、静电、色斑等)；

5) 背散射防护是否充分。

(2) 底片黑度要求

底片黑度应用黑度计测量。检测区域内双片的黑度应大于 2.7 但不超过 4.5，并符合所使用观片灯的亮度水平。在限定黑度区域内两张底片上相同点测量的黑度差应不超过 0.5。

(3) 底片灵敏度

在保证底片的黑度满足要求的情况下，观察像质计。像质计的影像应能够代表所检区域曝光情况，且不影响观察。记录清晰可见的最小线径作为该底片的灵敏度，线型像质计应根据表 5-3 所列的图像质量要求来选择。

表 5-3　底片上要求的像质计最小可见线径

| 厚度 $T$/mm | 最小可见线的直径/mm | 线　号 | 组　别 |
|---|---|---|---|
| $6<T\leqslant10$ | 0.16 | W14 | W10FE |
| $10<T\leqslant16$ | 0.20 | W13 | W10FE |
| $16<T\leqslant25$ | 0.25 | W12 | W10FE |
| $25<T\leqslant32$ | 0.32 | W11 | W10FE |
| $32<T\leqslant40$ | 0.40 | W10 | W6FE |

1）外径等于或小于 120 mm 的管道焊缝，底片灵敏度根据表 4 的规定向下（线径较大方向）移动一格。

2）对于管道对接焊缝采用双壁透照情况时，如果作双壁评定，底片灵敏度按两倍壁厚来确定；如果作单壁评定，底片灵敏度按壁厚来确定，要求的图像质量根据表 4 的规定向下（线径较大方向）移动一格。

## 九、验收标准

下列情况均为不合格：

（1）任何形式的裂纹、未熔合、未焊透、咬边；

（2）最大尺寸 L 大于表 5-4 中所给出数值的气孔；

表 5-4　最大允许气孔的尺寸

| 壁厚 $e$/mm | $L$/mm |
|---|---|
| $6<T\leqslant10$ | 2 |
| $10<T\leqslant25$ | 2.5 |
| $25<T\leqslant50$ | 3 |

（3）在 12 $T$ 或 150 mm 两值中较小者的长度上，任何累积直径大于 $T$ 的链状气孔或密集气孔；

如果两个相邻气孔的间距小于其中较大气孔直径的 6 倍，则可把这两个气孔看作属于同一个链状气孔或密集气孔。

（4）最大尺寸 $L$ 大于表 5-5 中所给出数值的单个夹渣；

如果两个夹渣之间的距离小于其中较小者的长度的 6 倍，则该两个夹渣被视为同一个夹渣。

表 5-5　最大允许夹渣的尺寸

| 壁厚 $e$/mm | $L$/mm |
|---|---|
| $6<T\leqslant10$ | 3 |
| $10<T\leqslant60$ | $T/3$ |

（5）在 12 $T$ 的长度范围内，任何累积长度超过 $T$ 的一组夹渣。

如果两个夹渣之间的间距小于其中较大夹渣长度的 6 倍，则把它们看作同一组夹渣。

## 十、检测报告

射线检测报告应至少包括以下内容：

(1) 电站名称、机组号；

(2) 系统/设备名称、标识、安全等级；

(3) 焊缝编号；

(4) 检测程序编号；

(5) 射线源的类型和焦点尺寸，检测当天的源活度；

(6) 射线源的位置和焦距；

(7) 胶片型号、规格、类型及每次曝光胶片张数；

(8) 曝光时间；

(9) 要求可见像质计丝径；

(10) 几何不清晰度；

(11) 增感屏、滤光板的厚度与编号；

(12) 显影液型号，显影温度，显影时间，处理方式，显、定影液型号，定影温度，定影时间，水洗时间；

(13) 曝光示意图；位置标识图；

(14) 射线底片编号；

(15) 底片黑度；

(16) 像质计最小可见线径；

(17) 评片结果和结论(包括缺陷的编号、位置、类型和尺寸)；

(18) 缺陷显示位置示意图；

(19) 检测人员、审核人员的姓名/级别、签名和日期。

## 十一、检测报告的格式

略。

# 第二节 射线检测工艺卡

射线检测工艺卡(也称为作业指导书)是针对射线透照工序提出具体参数和技术措施的规定性工艺文件，常以表卡形式编制，用于控制具体产品射线检测的技术和指导检测操作。

编制射线检测工艺卡，应依据有关产品的法规、规程、质量标准或技术文件及射线检测规程的有关规定，确定射线检测的部位、比例和应采用的射线检测技术技术级别，分析工件(产品)的特点，按照射线检测技术标准的规定，利用已有的技术数据、资料确定应采用的透照布置、透照参数和应采取的辅助措施，保证所得到的射线照片质量符合射线检测技术标准的规定。

射线检测工艺卡一般应包括下列方面的内容(但不限于)：

(1) 工艺卡编号；

(2) 依据的工艺规程及其版本号;
(3) 检测对象的有关资料,如名称、材质、厚度、焊接方法、坡口型式、检测部位(范围)等;
(4) 检测技术要求:执行标准、检测时机、检测比例和检测前的表面准备等;
(5) 检测设备与器材:名称和型号规格;
(6) 检测工艺参数,如透照布置、透照参数等;
(7) 检测流程;
(8) 检测示意图;
(9) 记录、评定要求;
(10) 编制人(级别)、审核人(级别);
(11) 编制日期。

射线检测工艺卡可由一名持有中级或高级技术资格的人员编制,由另外一名持有中级或高级技术资格的人员审核。

射线检测工艺卡示例:按照 NB/T 47013.2—2015 标准 AB 级要求编制平板对接焊缝透照工艺一例,见表 5-6。

**表 5-6 平板对接焊缝射线检测工艺卡**

编号:××××

| 试件编号 | ××××× | 试件名称 | 焊接见证件 | 核安全级别 | 1 级 |
|---|---|---|---|---|---|
| 规　格 | 600×250×12 mm<br>(长×宽×厚度) | 材　质 | 16 MnR | 焊接方法 | 手工电弧焊 |
| 检测时机 | 焊后 | 检测标准 | NB/T 47013.2—2015<br>(AB 级) | 验收标准 | NB/T 47013.2—2015<br>Ⅱ级 |
| 设备型号 | RX200EG | 焦点 | 2.5 mm×2.5 mm | 像质计型号 | 10/16(Fe) |
| 胶片型号 | AGFA D7 | 增感屏 | 铅 0.1/0.1 mm | 透照方式 | 单壁透照 |
| 管电压 | 155 kV | 管电流 | 5 mA | 曝光时间 | 3 min |
| 焦　距 | 650 mm | 一次透照长度 | 300 mm | 像质计丝号 | 12 |
| 每个暗盒中胶片 | 单片☑ 双片☐ | 暗室处理 | 手工 | 黑度范围 | 2.0～4.5 |
| 显影时间 | 5～6 min | 显影温度 | (20±1) ℃ | 定影温度 | (20±5) ℃ |
| 定影时间 | ≥10 min | 水洗时间 | ≥30 min | 胶片规格 | 360 mm×80 mm |

技术要求:
1) 被检工件焊缝表面质量(包括余高)应经目视检测合格。被检件表面上应无锈蚀、异物或任何有妨碍射线检测底片评定的不规则状态,否则应作适当的修理。检测区包括焊缝金属及相对于焊缝边缘至少 5 mm 的相邻母材区域。
2) 实施透照时,射线束中心方向应与工件表面尽可能垂直。
3) 线型像质计应放在被检部位朝向射线源的一侧,放在焊缝的一端(被检区长度 1/4 位置),金属丝横跨焊缝并与焊缝垂直,细线置于外侧。
4) 铅制定位标记和识别标记应离原始坡口边缘至少 10 mm 处。标记的放置不得妨碍对底片被检区的评定。
5) 暗室处理按以下步骤进行:显影→停显→定影→水洗→干燥。
6) 使用厚度 2 mm 铅板作为防背散射铅板。

续表

透照示意图：

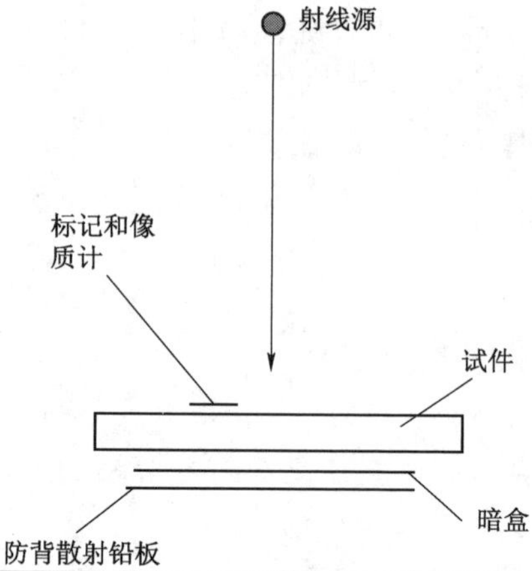


备注：

拍片时应佩戴个人剂量仪、射线警报器.

| 编制／级别 | ×××／RT-Ⅱ | 审核／级别 | ×××／RT-Ⅲ |
|---|---|---|---|
| 日期 | 年 月 日 | 日期 | 年 月 日 |

按照NB/T 47013.2—2015标准AB级要求编制管道环焊缝透照工艺一例，见表5-7。

**表5-7 管道环焊缝射线检测工艺卡**

编号：××××

| 试件编号 | ××××× | 试件名称 | 管道焊缝 | 核安全级别 | 1级 |
|---|---|---|---|---|---|
| 规 格 | $\phi$219 mm×24 mm（外径厚度） | 材 质 | 不锈钢 | 焊接方法 | 手工电弧焊 |
| 检测时机 | 焊后 | 检测标准 | NB/T 47013.2—2015（AB级） | 验收标准 | NB/T 47013.2—2015 Ⅱ级 |
| 设备型号 | DELTA880 | 焦点 | $\phi$2 mm×2 mm | 像质计型号 | 6/12(CrNi) |
| 胶片型号 | AGFA D3 | 增感屏 | 铅0.2/2×0.1/0.2 mm | 透照方式 | 双壁单壁透照 |
| 管电压 | / | 管电流 | / | 曝光量 | 340 Ci·min |
| 焦 距 | 225 mm | 一次透照长度 | 138 mm | 像质计丝号 | 11 |
| 每个暗盒中胶片 | 单片□双片☑ | 暗室处理 | 手工 | 黑度范围 | 2.7～4.5 |
| 显影时间 | 5～6 min | 显影温度 | (20±1)℃ | 定影温度 | (20±5)℃ |
| 定影时间 | ≥10 min | 水洗时间 | ≥30 min | 胶片规格 | 240 mm×80 mm |

技术要求：

1）被检工件焊缝表面质量(包括余高)应经目视检测合格。被检件表面上应无锈蚀、异物或任何有妨碍射线检测底片评定的不规则状态，否则应作适当的修理。检测区包括焊缝金属及相对于焊缝边缘至少5 mm的相邻母材区域。

2）线型像质计应放在被检部位管道外表面(胶片侧)，放在焊缝的一端(被检区长度1/4位置)，金属丝横跨焊缝并与焊缝垂直，细线置于外侧，在像质计旁放铅字"F"标记。

3）铅制定位标记和识别标记放置在管道外表面，应离原始坡口边缘至少10 mm处。标记的放置不得妨碍对底片被检区的评定。

4）使用厚度1 mm铅板作为滤光板，使用厚度2 mm铅板作为防背散射铅板。

5）暗室处理按以下步骤进行：显影→停显→定影→水洗→干燥。

6）总的曝光时间应不少于输送源往返时间的10倍。

续表

透照示意图：

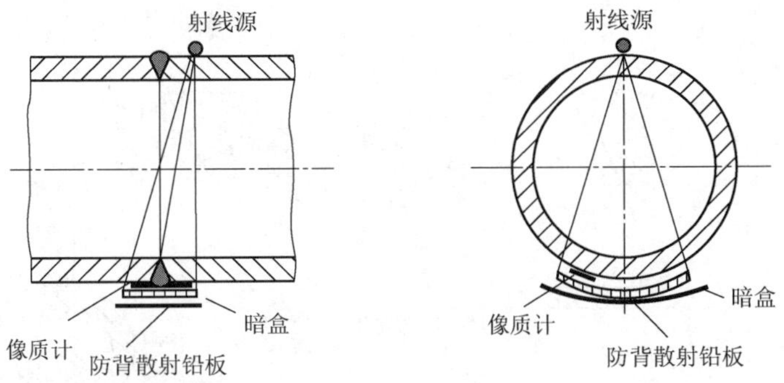


备注：

拍片时应佩戴个人剂量仪、射线警报器。

| 编制／级别 | ×××／RT-Ⅱ | 审核／级别 | ×××／RT-Ⅲ |
|---|---|---|---|
| 日期 | 年　月　日 | 日期 | 年　月　日 |

按照 NB/T 47013.2—2015 标准 AB 级要求编制小径管环焊缝透照工艺一例，见表 5-8。

**表 5-8　小径管环焊缝射线检测工艺卡**

编号：××××

| 试件编号 | ××××× | 试件名称 | 小径管环焊缝 | 核安全级别 | 3 |
|---|---|---|---|---|---|
| 规　格 | $\phi$76×4 mm<br>（外径厚度） | 材　质 | 不锈钢 | 焊接方法 | 氩弧焊 |
| 检测时机 | 焊后 | 检测标准 | NB/T 47013.2—2015<br>（AB 级） | 验收标准 | NB/T 47013.2—2015<br>Ⅱ级 |
| 设备型号 | RX200EG | 焦点 | 2.5 mm×2.5 mm | 像质计型号 | 10/16(CrNi) |
| 胶片型号 | AGFA D7 | 增感屏 | 铅　0.1／0.1 mm | 透照方式 | 双壁椭圆成像 |
| 管电压 | 170 kV | 管电流 | 5 mA | 曝光时间 | 2 min |
| 焦　　距 | 700 mm | 一次透照长度 | / | 像质计丝号 | 13 |
| 每个暗盒中胶片 | 单片☑　双片☐ | 暗室处理 | 手工 | 黑度范围 | 2.0～4.5 |
| 显影时间 | 5～6 min | 显影温度 | (20±1)℃ | 定影温度 | (20±5)℃ |
| 定影时间 | ≥10 min | 水洗时间 | ≥30 min | 胶片规格 | 360 mm×80 mm |

技术要求：

1）被检工件焊缝表面质量(包括余高)应经目视检测合格。被检件表面上应无锈蚀、异物或任何有妨碍射线检测底片评定的不规则状态，否则应作适当的修理。检测区包括焊缝金属及相对于焊缝边缘至少 5 mm 的相邻母材区域。

2）线型像质计应放在被检部位朝向射线源的一侧，金属丝横跨焊缝并与焊缝垂直。

3）铅制定位标记和识别标记应离原始坡口边缘至少 10 mm 处，标记的放置不得妨碍对底片被检区的评定。

4）使用铅板遮挡周围散射线和背部散射线。

5）该小径管焊缝宽度 10 mm，焊缝余高 2 mm，射线源偏心距 $L_0$ 为 180 mm。对每条焊缝相隔 90透照 2 次。

6）底片上最低黑度允许降至 1.5。

6）暗室处理按以下步骤进行：显影→停显→定影→水洗→干燥。

7）使用厚度 2 mm 铅板作为防背散射铅板。

续表

| | | | |
|---|---|---|---|
| 透照示意图： | | | |
| 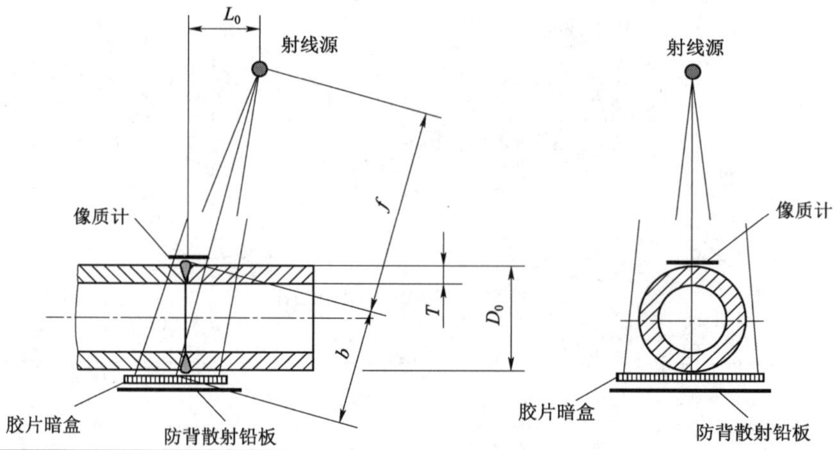 | | | |
| 备注：<br>拍片时应佩戴个人剂量仪、射线警报器。 | | | |
| 编制／级别 | ×××／RT-Ⅱ | 审核／级别 | ×××／RT-Ⅲ |
| 日期 | 年　月　日 | 日期 | 年　月　日 |

# 第三节　射线检测报告

无损检测报告至少应包括以下内容：

（1）委托单位；

（2）检测技术要求：执行标准和合格级别；

（3）检测对象：工程名称、检测对象的名称、编号、级别、规格尺寸、材质和热处理状态、检测部位和检测比例、检测时的表面状态、检测时机等；

（4）检测工艺条件：射线源种类、胶片型号、增感方式、透照布置、有效透照长度、曝光参数（管电压、管电流或射线源当日活度、焦距、曝光时间）、暗室处理条件（温度、时间）；

（5）底片评定结果：底片编号、像质情况（黑度、最小可见像质计线号、标记、伪缺陷）、缺陷情况（缺陷性质、尺寸、数量、位置）；

（6）照相位置布片图和缺陷示意图：暗盒布置图、所发现的缺陷位置、尺寸和分布；

（7）检测结果和检测结论；

（8）编制者（级别）和审核者（级别），签字、日期。

## 思考题

1. 简述工艺规程包含哪些内容？
2. 简述工艺卡包含哪些内容？
3. 简述检测报告应包含哪些内容？

# 第六章　暗室处理技术

## 第一节　暗室基本知识

暗室处理是射线照相检测的一道重要工序,被射线曝光的带有潜影的胶片经过暗室处理后变为带有可见影像的底片。底片质量好坏与暗室工作的技术水平以及操作正确与否密切相关。作为射线检测人员,应熟练掌握暗室操作技术以及有关知识。

### 一、暗室布置知识

暗室的布局应注意以下几点。

(1) 暗室应有足够的空间,不宜过小、过窄。

暗室应分为干区和湿区两个部分。其中干区用于摆放胶片、暗盒、增感屏等器材并用来进行切片、装片等工作。而湿区用来进行显影、定影、水洗、干燥等工作。干区和湿区应尽可能相距远一些。(见图 6-1)。

(2) 各种设备器材摆放位置应适当。以利于工作,例如冲洗胶片的设备的摆放次序应与操作次序一致。

(3) 暗室要完全遮光,进口处应设置过渡间和双重门,以保证出入不漏光,为减少人员出入次数,应设置传递口,用于传送胶片和底片。

(4) 如暗室附近有射线源,要注意屏蔽问题。

(5) 暗室应有通风换气设备和排水系统。应有控制温度和湿度的设施。

(6) 暗室地面和工作台应保持干燥、清洁,墙壁、工作台有防水和防化学腐蚀的能力。

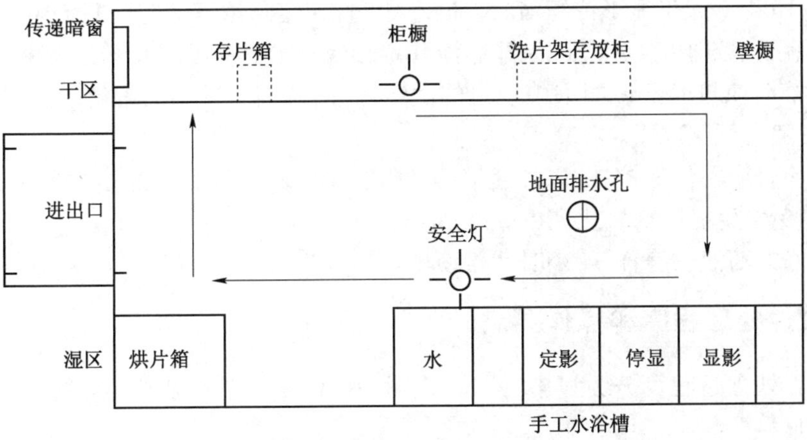


图 6-1　手工冲洗暗室布置的例子

## 二、暗室设备器材使用知识

暗室常用的设备器材包括恒温洗片机或自动洗片机、洗片槽、安全灯、温度计、加热器等。洗片机等设备的使用有专门的操作规程，其他设备使用时应注意以下几点。

(1) 安全灯用于胶片冲洗过程中的照明

工业射线胶片对可见光的蓝色部分最敏感，而对红色或橙色部分不敏感，因此，用于射线暗室的安全灯采用暗红色或暗橙色。为保证安全，对新购置的安全灯应进行测试，对长期使用的安全灯也应作定期测试。测试方法为：在工作位置放置胶片，上盖黑纸，打开安全灯，每隔数分钟移动一下黑纸，使胶片不同部位在安全灯下经受不同时间的曝光，然后进行标准显影处理，将曝光部分与未曝光部分比较，以黑度不明显增大为安全，据此可确定安全灯的性能以及允许工作时间和工作距离。

(2) 温度计用于配液和显影操作时测量药液温度

可使用量程大于 50 ℃，刻度为 1 ℃或 0.5 ℃的酒精玻璃温度计，也可使用半导体温度计。

胶片手工处理可分为盘式和槽式两种方式。其中盘式处理易产生伪缺陷，所以目前多采用槽式处理。洗片槽用不锈钢或塑料制成，其深度应超过底片长度 20%以上，使用时应将药液装满槽，并随时用盖将槽盖好，以减少药液氧化。槽应定期清洗，保持清洁。

## 三、配液注意事项

配液的注意事项如下。

(1) 配液的容器应使用玻璃、搪瓷或塑料制品，也可使用不锈钢制品，搅拌棒也应用上述材料制作，切忌使用铜、铁、铝制品，因为铜、铁等金属离子对显影剂的氧化有催化作用。

(2) 配液用水可使用蒸馏水，去离子水，煮沸后冷却水或自来水，对井水或河水应进行再制，以降低硬度，提高纯度。

(3) 目前一般使用将各种药品按比例配好的显影剂和定影剂套药，如 AGFA 浓缩液 G128、G335，Kodak 人工显影浓缩液，Kodak 人工快速定影浓缩液等。只需将这些成品药剂按使用说明溶于水，即可使用。配制显影液和定影液的水温应根据套药说明书的要求。

(4) 配液时应按套药说明书中规定的次序进行，待前一种药品溶解后方可投入下一种药品，切不可随意颠倒次序。

(5) 配液时应不停地搅拌，以加速溶解。但显影液的搅拌不宜过于激烈，且应朝着一个方向进行，以免发生显影剂氧化现象。

(6) 配好的药液应静置 24 小时后再使用。

## 四、胶片处理程序和操作要点

胶片手工处理过程可分为显影、停显、定影、水洗、干燥五个步骤，各个步骤的标准操作条件见表 6-1。

表 6-1　胶片处理的标准条件和操作要点

| 步　骤 | 温度/℃ | 时间/min | 药　液 | 操作要点 |
|---|---|---|---|---|
| 显影 | 20±2 | 4～6 | 显影液(标准配方) | 预先水浸,过程中适当搅动 |
| 停显 | 16～24 | 约 0.5 | 停显液 | 充分搅动 |
| 定影 | 16～24 | 10～15 | 定影液 | 适当搅动 |
| 水洗 | — | 30～60 | 水 | 流动水漂洗 |
| 干燥 | ≤40 | — | — | 去除表面水滴后干燥 |

有关说明如下:

(1) 显影温度对底片质量影响很大,必须严格控制。

(2) 胶片放入显影液之前,应在清水中预浸一下,使胶片表面润湿,避免进入显影液后胶片表面附有气泡造成显影不均匀。

(3) 显影时正确的搅动方法:在最初 30 秒内不间断地搅动,以后每隔 30 秒搅动一次。

(4) 停显阶段应不间断地充分搅动。

(5) 停显温度最好与显影温度相近,停显温度过高,可能会产生“网纹”“皱褶”等缺陷。

(6) 定影总的时间为“通透时间”的 2 倍,所谓“通透时间”是指胶片放进定影液开始到乳剂的乳白色消失为止的时间。

(7) 水洗应使用清洁流水飘洗,水洗不充分的底片长期保存后会发生变色现象。

(8) 水洗水温应适当控制,水温高时水洗效率也高,但药膜高度膨胀易产生“划伤”“药膜脱落”等缺陷。

(9) 底片干燥应选择没有灰尘的地方进行,因为湿底片极易吸附空气中的尘埃。

(10) 热风干燥能缩短干燥时间,但如温度过高易产生干燥不均的条纹。

(11) 水洗后的底片表面附有许多水滴,如不除去会因干燥不均产生水迹,可用湿海绵擦去水滴,或浸入脱水剂溶液,使水从底片表面快速流尽。

(12) 手工冲洗和自动冲洗胶片宜在曝光后 8 小时之内完成,最长不超过 24 小时。

# 第二节　暗室处理技术

## 一、显影

### 1. 显影原理

显影是把胶片置入显影液中处理,显影剂在反应中起还原剂作用,将银离子 $Ag^{+}$还原成黑色的金属银 Ag,而自身被氧化。显影在整个胶片处理过程中具有特别重要的意义。即使是同一种胶片,如果采用不同的显影配方和操作条件,所表现的感光性能是不一样的,底片的主要质量指标,例如黑度,对比度,颗粒度等都受到显影的影响。

显影液的 pH 在 8～11 之间,可通过改变促进剂的种类和数量来调节 pH。显影液的 pH 低,则显影速度较慢,所得影像颗粒较细,反差较小。显影液的 pH 高,则显影速度较快,所得影像颗粒较粗,反差较大,灰雾也增大。

2. 影响显影的因素

影响显影的因素很多，除了配方外，显影时间、温度、搅动情况和显影液老化程度对显影都有明显影响。

(1) 时间对显影的影响

合适的显影时间与配方有关。所以配方都附有推荐的显影时间，对于手工处理，大多规定为 4～6 分钟。显影时间进一步延长，虽然黑度和反差会增加，但影像颗粒和灰雾也将增大。而显影时间过短，将导致黑度和反差不足。

(2) 温度对显影的影响

显影温度也与配方有关，手工处理的显影配方推荐的显影温度多在 18～20 ℃。温度高时显影速度快，温度低时显影速度慢。温度高时显影能力增强。其结果使影像反差增大，同时灰雾也增大，颗粒变粗，此时药膜松软，容易划伤或脱落，温度低时显影能力减弱，反差降低。

(3) 搅动对显影的影响

在显影过程中进行搅动，可以使乳剂膜表面不断地与新鲜药液接触并发生作用，这样不仅使显影速度加快，而且保证了显影作用均匀。此外，由于曝光多的部分显影反应迅速，与之接触的药液容易疲乏，不曝光的部分显影作用少，药液不易疲乏，搅拌的结果加速了曝光多的部分的显影速度，从而提高了反差。

如果胶片在显影液中静止不动，会使反应产生的溴化物无法扩散，造成显影不均匀的条纹，为保证显影均匀，应不断进行搅动操作，尤其是胶片进入显影液的最初一分钟的频繁搅动特别重要。

(4) 显影液活性对显影的影响

显影液的活性取决于显影剂的种类和浓度以及显影液的 pH。显影液在使用过程中，显影剂浓度逐渐减少，显影剂氧化物逐渐增加，pH 逐渐降低，溶液中卤化物离子逐渐增加，将导致显影作用减弱，活性降低，这种现象称为显影液老化。使用老化的显影液，显影速度变慢，反差减小，灰雾增大。

为保证显影效果，可在活性减弱的显影液中加入补充液。每次添加的补充液最好不超过槽中显影液总体积的2%或3%，当加入的补充液达到原显影液体积2倍时，药液必须废弃。

## 二、停显

从显影液中取出胶片后，显影作用并不立即停止，胶片乳剂层中残留的显影液还在继续显影，此时将胶片直接放入定影液，容易产生不均匀的条纹和两色性雾翳，两色性雾翳是极细的银粒沉淀。在反射光下呈蓝绿色，在透射光下呈粉红色。另一方面，胶片上残留的碱性显影液如果带进酸性定影液，会污染定影液，并使 pH 值升高，将大大缩短定影液寿命。因此，显影之后必须进行停显处理，然后再进行定影。

停显液通常为 2%～3%的乙酸，其他停显剂有酒石酸、柠檬酸、亚硫酸氢钠溶液等。胶片放入停显液后，残留的碱性显影液被中和，pH 值迅速下降至显影停止点，明胶的膨胀也得到控制。

停显时由于酸碱中和，乳剂层中会产生 $CO_2$ 气泡从表面排出，操作上应不停搅动。在热天或药液温度较高时，药膜极易损伤，可在停显液中加入坚膜剂无水硫酸钠。

## 三、定影

1. 定影原理

显影后的胶片，其乳剂层中大约还有 70%的卤化银未被还原成金属银。这些卤化银必须从乳剂层中除去，才能将显影形成的影像固定下来。这一过程称为定影，在定影过程中，定影剂与卤化银发生化学反应，生成溶于水的络合物，但对已还原的金属银则不发生作用。

定影液的 pH 一般控制在 4～6 之间。

2. 影响定影的因素

影响定影的因素主要有：定影时间，定影温度，定影液老化程度，以及定影时的搅动。

(1) 定影时间

定影过程中，胶片乳剂膜的乳黄色消失。变为透明的现象称为“通透”，从胶片放入定影液直至通透的这段时间称为“通透时间”。通透现象出现意味着胶片乳剂层中未显影的卤化银已被定影剂溶解，但要使被溶解的银盐从乳剂中渗出进入定影液，还需要附加时间。因此，定影时间应明显多于通透时间。为保险起见，规定整个定影时间为通透时间的 2 倍。

(2) 定影温度

温度影响到定影速度，随着温度的升高，定影速度将加快。但如果温度过高，胶片乳剂膜过度膨胀，容易造成划伤或药膜脱落。因此需要对定影温度作适当控制，通常规定为 16～24 ℃。

(3) 定影液的老化

定影液在使用过程中定影剂不断消耗，浓度变小，而银的络合物和卤化物不断积累，浓度增大，使得定影速度越来越慢，所需时间越来越长，此现象称为定影的老化。老化的定影液在定影时会生成一些较难溶的银络合物，虽经过水洗也难以除去，仍残留在乳剂层中，经过若干时间后，会分解出硫化银，使底片变黄，所以对使用的定影液，当其需要的定影时间已长到新液所需时间的两倍时，即认为已经失效，需更换新液。

(4) 定影时的搅动

搅动可以提高定影速度.并使定影均匀。在胶片刚放入定影液中时，应作多次抖动。在定影过程中，应适当搅动，一般每两分钟搅动一次。

## 四、水洗和干燥

1. 水洗

胶片在定影后，应在流动的清水中冲洗 20～30 分钟，冲洗的目的是将胶片表面和乳剂膜内吸附的硫代硫酸钠以及银盐络合物清除掉。否则银盐络合物会分解产生硫化银，硫代硫酸钠也会缓慢地与空气中的水分和二氧化碳作用，产生硫和硫化氢，最后与金属银作用生成硫化银。硫化银会使射线底片变黄，影像质量下降，为使射线底片具有稳定的质量，能够长期保存，必须进行充分的水洗。

推荐使用的条件是采用 16～22 ℃的流动清水冲洗底片。但由于冲洗用水大多使用自来水，水温往往超出上述范围，当水温较低时，应适当延长水洗时间；当水温较高时，应适当缩短水洗时间，同时应注意保护乳剂膜，避免损伤。

2. 干燥

干燥的目的是去除膨胀的乳剂层中的水分。

防止干燥后的底片产生水迹，可在水洗后，干燥前进行润湿处理，即把水洗后的湿胶片放入润湿液(浓度约为 0.3%的洗涤剂水溶液)中浸润约 1 分钟，然后取出使水从胶片表面流光，再进行干燥。

干燥的方法有自然干燥和烘箱干燥两种。

自然干燥是将胶片悬挂起来，在清洁通风的空间晾干。烘箱干燥是把胶片悬挂在烘箱内，用热风烘干，热风温度一般不应超过 40 ℃。

## 五、自动洗片机

自动洗片机采用连续冲洗方式，能自动完成显影、定影、水洗、烘干整个暗室处理过程，它与手工处理胶片相比有以下优点：

(1) 速度快——自动洗片机能在约 12 分钟内提供干燥好的可供评定的射线照相底片。

(2) 效率高——每小时约可处理 360 mm×100 mm 胶片 100 张。

(3) 质量好——只要摄片条件正确，通过自动洗片机处理的底片表面光洁、性能稳定、像质好。

(4) 劳动强度低——操作者只需将胶片逐张输入自动洗片机即可，对操作者的技术熟练要求不高。

自动洗片机使用的注意事项如下：

(1) 自动洗片机正式投入使用前，除对主机作大量的调整试验外，由于自动洗片机显影的温度和时间是固定的，故对摄片条件较为苛刻，必须对所有射线探伤机重新作曝光曲线，以适应自动洗片机的特点，否则底片的黑度不能达到预期效果。在透照时应严格按照采用自动洗片条件制作的新曝光曲线控制摄片条件，才能得到满意的底片。

(2) 每次使用前要开机预热一段时间，使各项温度均满足自动处理条件时，先输入一张 35×43 cm 的清洗片，等它输出后检查无异常时，才能连续输入需冲洗的胶片。清洗片的作用是清除掉暴露在空气中的液筒上沾染的被空气氧化的显影液和定影液。最好的清洗办法是在自动洗片机工作结束或开始工作前，将送片滚筒取出用清水冲洗。

(3) 清洗片和胶片输入时必须注意与导向边一端成直角送入，并注意不要让暗盒等物沾污胶片，尤其要防止异物入进入洗片机，防止划伤滚筒。

# 思考题

1. 简述如何进行暗室用安全灯的测试？
2. 简述配置显影液、定影液的注意事项？
3. 简述胶片暗室处理的工艺操作过程和主要工艺参数？
4. 简述影响显影的主要因素？
5. 简述影像定影的主要因素？
6. 胶片自动洗片机有何优点？

# 第七章　射线照相底片的评定

## 第一节　评片工作的基本要求

缺陷是否能够通过射线照相而被检出，取决于若干环节。首先，必须使缺陷在底片上留下足以识别的影像，这涉及到照相质量方面的问题。其次，底片上的影像应在适当条件下得以充分显示，以利于评片人员观察和识别，这与观片设备和环境条件有关。最后，评片人员对观察到的影像应能作出正确的分析与判断，这取决于评片人员的知识、经验、技术水平和责任心。

按以上所述，对评片工作的基本要求可归纳为三个方面，即底片质量要求，设备环境条件要求和人员条件要求。

### 一、底片质量要求

通常对底片的质量检查包括以下项目。

1. *灵敏度检查*

灵敏度是射线照相质量诸多影响因素的综合结果。底片灵敏度用像质计测定，即根据底片上像质计的影像的可识别程度来定量评价灵敏度高低。目前国内广泛使用的是丝型像质计，评价底片灵敏度的指标是像质指数 $Z$，它等于底片上能识别出的最细金属丝的编号。显然，透照给定厚度的工件时，底片上显示的金属丝直径越小，其象质指数 $Z$ 越大，底片的灵敏度也就越高。标准根据不同透照厚度、不同照相质量等级和不同透照方式，规定了必须达到的像质指数 $Z$。表 7-1 为标准 NB/T 47013.2—2015 中对单壁透照、像质计置于源侧时的灵敏度要求节选。

对底片的灵敏度检查内容包括：底片上是否有像质计影像，像质计型号、规格、摆放位置是否正确，能够观察到的金属丝象质指数是多少，是否达到了标准规定的要求等。

**表 7-1　线型像质计灵敏度值—单壁透照、像质计置于射线源侧**

| 应识别丝号（丝径/mm） | 公称厚度（$T$）范围/mm | | |
|---|---|---|---|
| | A 级 | AB 级 | B 级 |
| 19(0.050) | — | — | ≤1.5 |
| 18(0.063) | — | ≤1.2 | ＞1.5～2.5 |
| 17(0.080) | ≤1.2 | ＞1.2～2.0 | ＞2.5～4.0 |
| 16(0.100) | ＞1.2～2.0 | ＞2.0～3.5 | ＞4.0～6.0 |
| 15(0.125) | ＞2.0～3.5 | ＞3.5～5.0 | ＞6.0～8.0 |
| 14(0.160) | ＞3.5～5.0 | ＞5.0～7.0 | ＞8.0～12 |

续表

| 应识别丝号(丝径/mm) | 公称厚度(*T*)范围/mm | | |
|---|---|---|---|
| | A级 | AB级 | B级 |
| 13(0.20) | >5.0～7.0 | >7.0～10 | >12～20 |
| 12(0.25) | >7.0～10 | >10～15 | >20～30 |
| 11(0.32) | >10～15 | >15～25 | >30～35 |
| 10(0.40) | >15～25 | >25～32 | >35～45 |
| 9(0.50) | >25～32 | >32～40 | >45～65 |
| 8(0.63) | >32～40 | >40～55 | >65～120 |
| 7(0.80) | >40～55 | >55～85 | >120～200 |
| 6(1.00) | >55～85 | >85～150 | >200～350 |
| 5(1.25) | >85～150 | >150～250 | >350 |
| 4(1.60) | >150～250 | >250～350 | — |
| 3(2.00) | >250～350 | >350 | — |
| 2(2.50) | >350 | — | — |

注:管或支管外径≤120 mm 时,管座角焊缝的像质计灵敏度可降低一个等级。

2. 黑度检查

黑度是射线照相底片质量的又一重要指标,各个射线检测标准对底片的黑度范围都有规定。NB/T 47013.2—2015 标准对底片的黑度范围的规定如下:

单胶片透照技术,单底片观察评定,底片底片评定范围内黑度 $D$ 应符合下列规定:

A 级:$1.5 \leqslant D \leqslant 4.5$;

AB 级:$2.0 \leqslant D \leqslant 4.5$;

B 级:$2.3 \leqslant D \leqslant 4.5$。

双胶片透照技术,双底片叠加观察评定,评定范围内黑度 $D$ 应符合 $2.7 \leqslant D \leqslant 4.5$ 的规定。

底片黑度用光学密度计测定。测定时应注意,最大黑度一般在底片中部焊接接头热影响区位置,最小黑度一般在底片两端焊缝余高中心位置,只有当有效评定区内各点的黑度均在规定的范围内,才能认为该底片黑度符合要求。

3. 标记检查

底片上标记的种类和数量应符合有关标准和工艺规定。常用的标记种类有:工件编号、焊缝编号、部位编号、中心定位标记、搭接标记。此外,有时还需使用返修标记,像质计放在胶片侧的区别标记以及人员代号,透照日期等。标记应放在适当位置,距焊缝边缘应不少于 10 mm。

4. 伪缺陷检查

伪缺陷是指由于透照操作或暗室操作不当,或由于胶片、增感屏质量不好,在底片上留下的非缺陷影像。常见的伪缺陷影像包括:划痕、折痕、水迹、静电感光、指纹、霉点、药膜脱落、污染等。

伪缺陷容易与真缺陷影像混淆，影响评片的正确性，造成漏检和误判，所以底片上有效评定区域内不允许有伪缺陷影像。

5. 背散射检查

背散射检查即“B”标记检查。照相时，在暗盒背面贴跗一个“B”铅字标记，一般“B”铅字的高度为 13 mm，厚度为 1.6 mm。观片时若发现在较黑背景上出现“B”字较淡影像，说明背散射严重，应采取防护措施重新拍照；若不出现“B”字或在较淡背景上出现较黑“B”字，则说明底片未受背散射影响，符合要求。黑“B”字是由于铅字标记本身引起射线散射产生了附加增感，不能作为底片质量判废的依据。

6. 搭接情况检查

双壁单影透照纵焊缝的底片，其搭接标记以外应有附加长度 $\Delta L$，($\Delta L=L_2 \cdot L_3/L_1$)，才能保证无漏检区。其他透照方式摄得的底片，如果搭接标记按规定摆放，则底片上只要有搭接标记影像即可保证无漏检区，但如果因某些原因搭接标记未按规定摆放，则底片上搭接标记以外必须有附加长度，才能保证完全搭接。

## 二、环境设备条件要求

环境设备条件应能使评片人员感到舒适且疲劳最小，应尽量避免各种干扰，提供合适的照明和观察条件，以保证评片人员能聚精会神工作。

1. 环境

观片室应与其他工作岗位隔离，单独布置，室内光线应柔和偏暗，但不必全黑，一般等于或略低于透过底片光的亮度。室内照明应避免直射人眼或在底片上产生反光。观片灯两侧应有适当台面供放置底片及记录。黑度计、直尺等常用仪器和工具应靠近放置，取用方便。

2. 观片灯

观片灯应有足够的光强度。底片黑度 $D \leqslant 2.5$ 时，要求透过底片的光强不低于 30 cd/m$^2$。为能观察黑度为 4.5 的底片，要求观片灯的最大亮度应大于 $3\times10^5$ cd/m$^2$。

观片灯亮度必须可调，以便在观察低黑度区域时将光强减小，而在观察高黑度区域时将光强调大。

光源的颜色通常应是白色，也允许橙色或黄绿色之间。偏红或偏紫色则不适合。

观片灯应有足够大的照明区，一般不小于 300 mm×80 mm，照明区过小会使人感到观察不方便，实际使用时采用一系列遮光板改变照明区面积，使其略小于底片尺寸。

照射到底片上的光应是散射的，通常用一块漫射玻璃来实现这一要求。观片灯应散热良好，无噪声。

3. 各种工具用品

评片需用的工具物品包括：

(1) 放大镜：用于观察影像细节，放大倍数一般为 2～5 倍，最大不超过 10 倍。

(2) 遮光板：观察底片局部区域或细节时，遮挡周围区域的透射光，避免多余光线进入评片人眼中。

(3) 评片尺：专业评片尺或是透明塑料尺。

(4) 记号笔:用于在底片上作标记。

(5) 手套:避免评片人手指与底片直接接触,产生污痕。

(6) 文件:提供数据或用于记录的各种规范、标准、图表。

### 三、人员条件要求

担任评片工作的人员应符合以下要求:

(1) 应经过系统的专业培训,并通过法定部门考核确认其具有承担此项工作的能力与资格。

(2) 应具有一定的评片实际工作经历和经验。

(3) 除了系统地掌握射线检测理论知识外,还应具有焊接、材料等相关专业知识。

(4) 应熟悉射线检测标准以及被检测试件的设计制造规范和有关管理法规。

(5) 应充分了解被检测试件的状况,如材质、焊接和热处理工艺,以及表面形态等。

(6) 应充分了解所评定的底片的射线照相工艺及工艺执行情况。

(7) 应具有良好的职业道德,高度的工作责任心。

(8) 应具有良好的视力。要求校正视力不低于 1.0,近视力检查应能读出距离 400 mm 处高 0.5 mm,间隔 0.5 mm 的一组印刷字母。

## 第二节 评片基本知识

### 一、观片的基本操作

观察底片的操作可分为两个阶段,通览底片和影像细节观察。

通览底片的目的是获得焊接接头质量总体印象,找出需要分析研究的可疑影像。通览底片时必须注意,评定区域不仅仅是焊缝,还包括焊缝两侧的热影响区,对这两部分区域,都应仔细观察。由于余高的影响,焊缝和热影响区的黑度差异往往较大,有时需要调节观片灯亮度,在不同的光强下分别观察。

影像细节观察是为了作出正确的分析判断。因细节的尺寸和对比度极小,识别和分辨是比较困难的,为尽可能看清细节,常采用下列方法:① 调节观片灯亮度,寻找最适合观察的透过光强;② 用纸框等物体遮挡住细节部位邻近区域的透过光线;③ 使用放大镜进行观察;④ 移动底片,不断改变观察距离和角度。

### 二、投影的基本概念

投影概念对于影像识别和评定具有重要意义。

用一组光线将物体的形状投射到一个面上去,称为“投影”。在该面上得到的图像,也称作“投影”。这个面称为“投影面”(通常是平面)。光线称“投射线”。投射线从一点出发的称“中心投影”,投射线相互平行的称“平行投影”。平行投影中,投射线与投影面垂直的称“正投影”,倾斜的称“斜投影”(图 7-1)。

射线照相就是通过投影把具有三维尺寸的试件(包括其中的缺陷)投射到底片上转化为只有二维尺寸的图像,由于射线源、物体(试件及缺陷)、胶片三者之间相对位置和角度的变化，会使底片上的影像与实际物体的尺寸、形状、位置有所不同，常见的情况有以下几种：

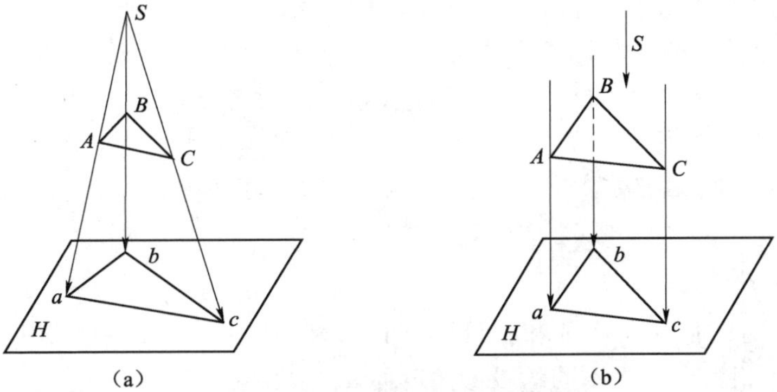


图 7-1　投影示意图

(a) 三角形的中心投影；(b) 三角形的平行正投影

1. 放大

影像放大是指底片上的影像尺寸大于物体的实际尺寸。由于焦距比射源尺寸大很多，射源可视为“点源”，照相投影可视为“中心投影”，影像放大程度与 $L_1$、$L_2$ 有关(图 7-2)，放大率 $M$ 的计算公式为：

$$M=W'/W=(L_1+L_2)/L_1=1+L_2/L_1 \tag{7-1}$$

一般情况下 $L_1 \gg L_2$，所以，影像放大并不显著，底片评定时一般不考虑放大产生的影响。

2. 畸变

对于同一物体，正投影和斜投影所得到的影像形状不同，如果正投影得到的像视为正常，则认为斜投影的像发生了畸变。

实际照相中，影像畸变大部分是由投射线和投影面不垂直的斜投影造成的。此外，当投影面不是平面时(胶片弯曲)，也会引起或加剧畸变。球形气孔在斜投影中畸变影像为椭圆形(图 7-3)，裂纹影像有时会畸变为一个有一定宽度的，黑度不大的暗带。畸变会改变缺陷的影像特征，有时给缺陷的识别和评定带来困难。

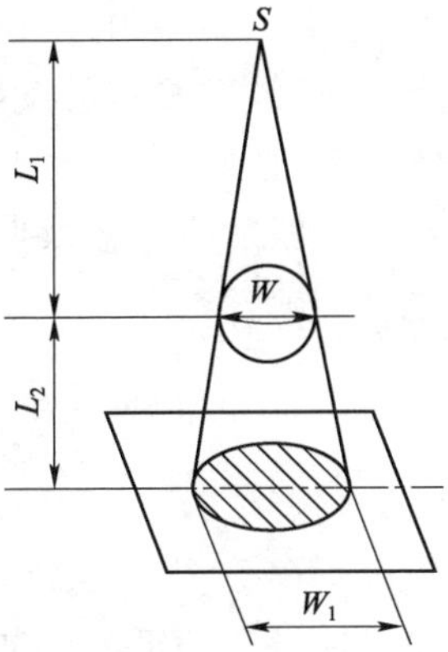


图 7-2　球孔透照的影像放大

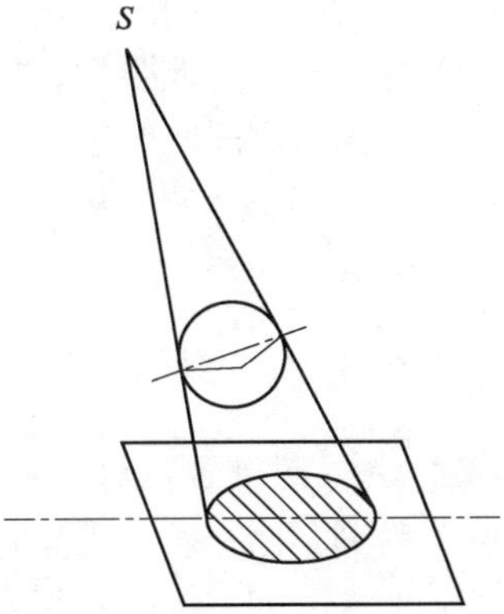


图 7-3　球孔透照的影像畸变

3. 重迭

影像重迭是射线照相投影特有的情况，由于射线能够穿透物质，试件对于射线是“透明”的，试件上下表面的几何形状影像和内部缺陷影像都能在底片上出现，从而造成影像重迭。例如，图 7-4 中，底片上 $A$ 点的影像实际上是投射线经过各点 $A_1$、$A_2$、$A_3$…的影像的迭加。

射线照相底片上影像重迭的情况有以下几种：试件上下表面几何形状影像重叠；表面几何形状影像与内部缺陷影像重叠；两个或更多的缺陷影像重叠。在评片时应注意分析不同影像的层次关系。

4. 相对位置改变

比较正投影方式照相的底片和斜投影方式照相的底片，可以发现底片上影像的相对位置发生变化。例如图 7-5 中，不同的投影角度使 $a$、$b$、$c$、$d$ 点在底片上的相对位置改变。

影像位置是判断和识别缺陷的重要依据之一，相对位置改变有时会给评片带来困难，需要通过观察，推测投影角度，作出正确判断。

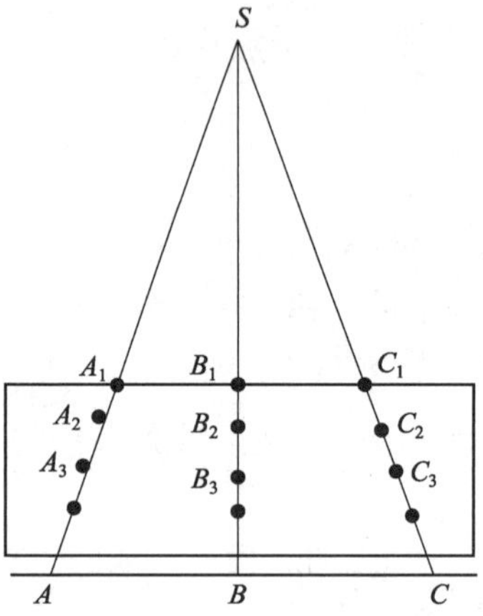

图 7-4　射线照相的影像重叠

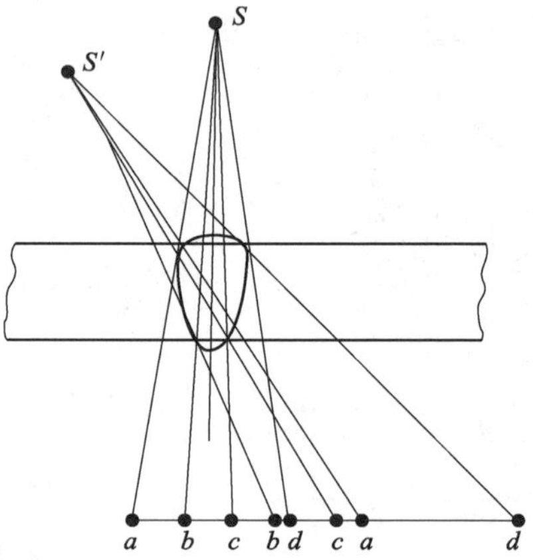

图 7-5　射线照相的影像相对位置改变

## 三、焊接缺陷的危害性及分类

焊接缺陷对设备安全的影响主要表现在三个方面。一是由于缺陷的存在，减少了焊缝的承载截面积，削弱了静力拉伸强度。二是由于缺陷形成缺口，缺口尖端会发生应力集中和脆化现象，容易产生裂纹并扩展。三是缺陷可能穿透筒壁，发生泄漏，影响致密性。

焊接缺陷的详细介绍参见“基础知识”部分第四章“金属材料加工工艺及典型缺陷特征”第三节“金属材料缺陷”。

## 四、底片影像分析

底片上影像按其来源大致可分为三类：由缺陷造成的缺陷影像；由试件外观形状造成表面几何影像；由于材料、工艺条件或操作不当造成的伪缺陷影像。对于底片上的每一个影像，评片人员都应能够作出正确解释。影像分析和识别是评片工作的重要环节，也是评片人员的基本技能。

1. 焊接缺陷影像

(1) 裂纹

底片上裂纹的典型影像是轮廓分明的黑线或黑丝。其细节特征包括:线有微小的锯齿,有分叉,粗细和黑度有时有变化,有些裂纹影像呈较粗的黑线与较细的黑丝相互缠绕状;线的端部尖细,端头前方有时有丝状阴影延伸。

各种裂纹的影像差异和变化较大,因为裂纹影像不仅与裂纹自身形态有关,而且与射线能量,工件厚度,透照角度,底片质量等许多因素有关。例如,透照时射线束方向与裂纹深度方向平行,得到的裂纹影像是一条黑线,随着透照角度逐渐增大,黑线将变宽,同时黑度变小,透照角度更大时,可能只出现一条模糊的宽带阴影,完全失去了裂纹影像特征。又例如,薄板焊缝的裂纹影像比较清晰,各种细节特征可以显示出来,而当透照厚度增加后,细节特征可能有一部分丧失,甚至完全消失,影像将发生很大变化。所以在影像分析时,要注意各种因素对裂纹影像变化的影响。

裂纹可能发生在焊接接头的任何部位,包括焊缝和热影响区。

(2) 未熔合

根部未熔合的典型影像是一条细直黑线,线的一侧轮廓整齐且黑度较大,为坡口或钝边痕迹,另一侧轮廓可能较规则也可能不规则。根部未熔合在底片上的位置应是焊缝根部的投影位置,一般在焊缝中间,因坡口形状或投影角度等原因也可能偏向一边。

坡口未熔合的典型影像是连续或断续的黑线,宽度不一,黑度不均匀,一侧轮廓较齐,黑度较大,另一侧轮廓不规则,黑度较小,在底片上的位置一般在焊缝中心至边缘的 1/2 处,沿焊缝纵向延伸。

层间未熔合的典型影像是黑度不大的块状阴影,形状不规则,如伴有夹渣时,夹渣部位的黑度较大。

(3) 未焊透

末焊透的典型影像是细直黑线,两侧轮廓都很整齐,为坡口钝边痕迹,宽度恰好为钝边间隙宽度。

有时坡口钝边有部分熔化,影像轮廓就变得不很整齐,线宽度和黑度局部发生变化,但只要能判断是处于焊缝根部的线性缺陷,仍判定为未焊透。

未焊透在底片上处于焊缝根部的投影位置,一般在焊缝中部,因透照偏、焊偏等原因也可能偏向一侧。未焊透呈断续或连续分布,有时能贯穿整张底片。

(4) 夹渣

非金属夹渣在底片上的影像是黑点,黑条或黑块,形状不规则,黑度变化无规律,轮廓不圆滑,有的带棱角。

非金属夹渣可能发生在焊缝中的任何位置,条状夹渣的延伸方向多与焊缝平行。

钨夹渣在底片上的影像是一个白点,由于钨对射线的吸收系数很大,因此白点的黑度极小(极亮)),据此可将其与飞溅影像相区别,钨夹渣只产生在非熔化极氩弧焊焊缝中,该焊接方法多用于不锈钢薄板焊接和管子对接环焊缝的打底焊接。钨夹渣尺寸一般不大,形状不规则。大多数情况是以单个形式出现,少数情况是以弥散状态出现。

(5) 气孔

气孔在底片上的影像是黑色圆点,也有呈黑线(线状气孔)或其他不规则形状的,气孔的轮廓比较圆滑，其黑度中心较大，至边缘稍减小。

气孔可以发生在焊缝中任何部位，手工单面焊根部线状气孔，双面焊根部链状气孔，焊缝中心线两侧的虫状气孔是发生部位与气孔形状有对应规律的例子。

“针孔”直径较小，但影像黑度很大，一般发生在焊缝中心。“夹珠”是另一类特殊的气孔缺陷，它是由前一道焊接生成的气孔，被后一道焊接熔穿，铁水流进气孔的空间而形成的，在底片上的影像为黑色气孔中间包含着一个白色圆珠。

2. 常见伪缺陷影像及识别方法

伪缺陷是指由于照相材料、工艺或操作不当在底片上留下的影像，常见的有以下几种：

(1) 划痕

胶片被尖锐物体(指甲、器具尖角、胶片尖角、砂粒等)划过，在底片上留下的黑线。划痕细而光滑，十分清晰。识别方法主要是借助反射光观察，可以看到底片上药膜有划伤痕迹。

(2) 压痕

胶片局部受压会引起局部感光，从而在底片上留下压痕。压痕是黑度很大的黑点，其大小与受压面积有关，借助反射光观察，可以看到底片上药膜有压伤痕迹。

(3) 折痕

胶片受弯折，会发生减感或增感效应。曝光前受折，折痕为白色影像，曝光后受折，折痕为黑色影像，最常见的折痕形状呈月牙形。借助反射光观察，可以看到底片有折伤痕迹。

(4) 水迹

由于水质不好或底片干燥处理不当，会在底片上出现水迹，水滴流过的痕迹是一条黑线或黑带，水滴最终停留的痕迹是黑色的点或弧线。

水迹可以发生在底片的任何部位，黑度一般不大。水流痕迹直而光滑，可以找到起点和终点；水珠痕迹形状如水滴一致；借助反射光观察有时可以看到底片上水迹处药膜有污物痕迹。

(5) 静电感光

切装胶片时，因摩擦产生的静电发生放电现象使胶片感光，在底片上留下黑色影像。静电感光影像以树枝状为最常见，也有点状或冠状斑纹影像。静电感光影像比较特殊，易于识别。

(6) 显影斑纹

由于曝光过度，显影液温度过高，浓度过大导致快速显影，或因显影时搅动不及时，均会造成显影不均匀，从而产生显影斑纹。

显影斑纹呈黑色条状或宽带状，在整张底片范围出现，影像对比度不大，轮廓模糊，一般不会与缺陷影像混淆。

(7) 显影液沾染

显影操作开始前，胶片上沾染了显影液。沾上显影液的部位提前显影，黑度比其他部位大，影像可能是点、条或成片区域的黑影。

(8) 定影液沾染

显影操作开始前，胶片沾染了定影液，沾上定影液的部位发生定影作用，使得该部位黑度小于其他部位，影像可能是点、条或成片区域的白影。

(9) 增感屏伪缺陷

由于增感屏的损坏或污染使局部增感性能改变而在底片上留下的影像。如增感屏上的裂纹或划伤会在底片上造成黑色伪缺陷影像,而增感屏上的污物会在底片上造成白色影像。

增感屏引起的伪缺陷,在底片上的形状和部位与增感屏上完全一致。当增感屏重复使用时,伪缺陷会重复出现,避免此类伪缺陷的方法是经常检查增感屏,及时淘汰损坏了的增感屏。

底片上其他伪缺陷还有:因胶片质量不好或暗室处理不当引起的药膜脱落、网纹、指印、污染等,因胶片保存或使用不当造成的跑光、霉点等。

*3. 表面几何影像的识别*

表面几何影像是指由于试件的结构和外观形状投影形成的影像,大致可分为以下几类:

(1) 试件结构影像

如母材厚度的变化,焊缝垫板,试件内部结构件投影等因素造成的影像。

(2) 焊接成形影像

如焊缝余高,根部形状,焊缝表面波纹,焊道间沟槽等生成的影像。

(3) 焊接形状缺陷影像

如上节所述的咬边、烧穿、内凹、收缩沟、弧坑、焊瘤、未填满、搭接不良等因焊接造成的表面缺陷的影像。

(4) 表面损伤影像

由非焊接因素造成的表面缺陷的影像,如机械划痕、压痕、表面撕裂、电弧烧伤、打磨沟槽等。

为能正确地识别表面几何影像,首先应要求评片人员仔细了解试件结构和焊接接头型式。其次评片人员应熟悉不同焊接方法和焊接位置的焊缝成形特点。此外,评片人员应注意焊缝外观检查的结果,掌握试件的表面质量状况,对可能影响缺陷识别的表面几何形状进行打磨,评片时应注意对表面缺陷的核查。

底片上焊接形状缺陷的影像和表面损伤的影像主要根据其位置、形状、表面结晶形态以及影像轮廓清晰度等特征来加以识别。

*4. 底片影像分析要点*

底片上包含着丰富的信息。评片人员从底片上能够获得的不仅仅是缺陷情况,还能了解到一些试件结构,几何尺寸、表面状态以及焊接和照相投影等方面的情况,注意提取上述信息并进行综合分析,有助于作出正确的评定。

本节简要叙述了观察底片时应提取的信息要点以及影像分析的一般方法。只有在理论学习的基础上经过大量的实践训练,才能较好掌握影像分析的技能。

(1) 通览底片时的影像分析要点

结合已掌握的情况,通过观察底片,一般应进行以下分析并作出判断:

焊接方法:区分手工焊、自动焊、氩弧焊等。

焊接位置:区分平焊、立焊、横焊或仰焊(对管子环焊缝则有水平固定,垂直固定或滚动焊)。

焊缝型式:区分双面焊、单面焊、加垫板单面焊。

评定区范围:认清焊缝余高边缘,热影响区范围。

投影情况及投影位置:判断投影是否偏斜,认清焊缝上缘和下缘以及根部的位置。

认清焊接方向,估计结晶方向,查找起弧和收弧位置。

了解试件厚度,判断试件厚度变化情况,大致判断清晰度、对比度、灰雾度的大小和成像质量水平,考核底片质量是否满足标准规定的要求。

(2) 缺陷定性时的影像分析要点

观察影像时,一般首先注意的是影像形状、尺寸、黑度,除此以外,还应作下列观察与分析。

影像位置:根据影像在底片上的位置以及影像特征、结合投影关系,推测其在焊缝中的位置,是在根部、坡口还是表面,是在焊缝还是热影响区。

影像的延伸方向:影像的延伸方向有一定规律性。例如未熔合,未焊透等沿焊缝纵向,热裂纹、虫状气孔与焊缝结晶方向有关,咬边、弧坑的轮廓与焊缝表面波纹相吻合。

影像轮廓清晰程度:除了照相工艺条件影响清晰度外,还应注意以下影响轮廓清晰程度的因素并据此进行分析:厚板与薄板中影像清晰程度的差异、缺陷和某些伪缺陷清晰度差异、内部缺陷和表面缺陷轮廓清晰度的差异等。

影像细节特征:注意寻找细节特征,如裂纹的尖端、锯齿,未焊透的直边等。

(3) 影像定性分析方法——列举排除法

列举排除法是影像定性分析常用的方法,对一定形状的影像,先列出它可能是什么,再根据每一类影像特点,逐个鉴别,排除与影像特征不符的推测,最终得到正确的结论。

例如,对底片的一个黑点,它可能是气孔、点状夹渣、弧坑、压痕、水迹、显影液沾染霉点。可逐个进行鉴别。

气孔、点状夹渣、压痕、水迹,显影液沾染的影像特征和识别方法在本章内已有叙述,弧坑的特征是发生在焊道中央,在收弧部位,焊接位置应处于平焊,如果是霉点,则应大量发生,在底片上广泛分布,不会是孤立黑点。

对底片上的一条黑线,可以列出它可能是裂纹、未熔合、未焊透、线状气孔、咬边、错口、划痕、水迹、增感屏伪缺陷等。

裂纹、未熔合、未焊透、划痕、水迹、增感屏伪缺陷影像的特征和识别方法本章内已有叙述,线状气孔为细长黑线,黑度均匀,轮廓圆滑,发生在手工单面焊的焊缝根部;咬边发生在焊缝边缘,与焊缝波纹的起伏走向一致;错口发生在焊缝中心线上,如果细看的话可以发现它不是一道黑线而是一道不同黑度区域的明暗分界线。

## 五、焊接接头的质量等级评定

底片上的缺陷被确认以后,下一步就是对照有关标准,评出焊接接头的质量等级。

射线照相标准有许多种,例如国家标准,部颁标准,行业标准以及国外标准等。法规和规范同时还对检测方法的选用、检测部位、比例以及验收质量等级等方面作出了规定。

不同的射线照相标准关于质量分级的具体规定各不相同,但确定质量等级的原则和依据大体是一致的。缺陷的危害性,焊接接头的强度水平,制造要求的工艺水平是质量分级考虑的主要因素,缺陷性质、尺寸大小、数量、密集程度是划分质量等级的主要依据。

评片人员应熟悉标准中的有关内容,正确运用并严格执行评级规定。

1. 质量分级规定

本节结合 NB/T 47013.2—2015 标准，简单介绍质量分级的有关规定。

(1) 级别划分

NB/T 47013.2—2015 标准将焊缝质量划分为四个等级，Ⅰ级质量最好，Ⅳ级质量最差。

标准中，钢、镍、铜制承压设备熔化焊焊接接头射线检测评定提到了五种焊接缺陷：裂纹、未熔合、未焊透、条形缺陷、圆形缺陷。铝制承压设备熔化焊焊接接头射线检测评定中增加了一种夹铜。承压设备管子及压力管道熔化焊环向焊接接头射线检测评定中增加了根部内凹和根部咬边两种缺陷。至于其他焊接形状缺陷未提及，这是因为射线检测应在焊缝目视检测合格后进行，形状缺陷应由目视检测发现，不属于无损检测检出范畴，因此不作评级规定。但对于目视检测无法进行的场合或部位，例如小径管、小直径容器等以及其他带垫板焊缝的根部缺陷，如内凹、烧穿、内咬边等应由射线照相检出并作评级规定。

标准有关缺陷性质的评级规定如下：

裂纹、未熔合、双面焊和加垫板单面焊的未焊透属不允许存在的缺陷，只要发生即评为Ⅳ级。

不加垫板单面焊允许未焊透存在（这取决于焊缝系数），但最高只能评Ⅲ级，其允许长度按条形缺陷Ⅲ级的有关规定。

对夹渣和气孔按长宽比重新分类：长宽比大于 3 的定义为条状缺陷，长宽比小于或等于 3 的定义为圆形缺陷，对两者分别制订控制指标，其中Ⅰ级焊缝不允许条形缺陷存在。

(2) 缺陷数量与质量等级

缺陷数量包括单个尺寸，总量和密集程度三个方面。定量的依据（包括缺陷长度和宽度尺寸以及间距）是底片上量得的尺寸，不考虑投影放大或畸变造成的影响。黑度不作为缺陷定级依据，特殊情况下需要考虑缺陷高度和黑度对焊缝质量影响时应另作规定。

标准允许圆形缺陷存在，根据母材厚度对缺陷数量加以限制。规定单个圆形缺陷尺寸不得超过母材厚度的 1/2；对缺陷总量采用点数换算，对缺陷密集程度采用评定区控制。各质量等级允许的缺陷点数都有明确规定。

标准对于条形缺陷，也是根据母材厚度来限制的，以单个条形缺陷长度，条形缺陷总长和间距三项指标分别对单个缺陷尺寸、总量、密集程度作出限制。此外，如果在圆形缺陷评定区内同时存在圆形缺陷和条形缺陷，则需要进行综合评级，这也属对缺陷密集程度限制的规定。

标准关于缺陷定量和评级的各种规定甚多，应在标准讲解时逐条详细说明并示例，本节不作赘述。

2. 射线照相检测记录与报告

评片人员应对射线照相检测结果及有关事项进行详细记录并出具报告，其主要内容包括：

(1) 产品情况：工程名称、试件名程、规格尺寸、材质、设计制造规范、检测比例部位、执行标准、验收、合格级别。

(2) 透照工艺条件：射源种类、胶片型号、增感方式、透照布置、有效透照长度、曝光参数（管电压、管电流、焦距、时间）、显影条件（温度、时间）。

(3) 底片评定结果：底片编号、像质情况（黑度、像质指数、标记、伪缺陷）、缺陷情况（缺陷性质、尺寸、数量、位置)、焊缝级别、返修情况、最终结论。

(4) 评片人签字、日期。

(5) 照相位置布片图。

## 思考题

1. 简述对底片的质量要求包括哪些项目?

2. 对观片的环境有哪些要求?

3. 对评片人员有哪些要求?

4. 射线照相中的投影,会使底片上的影像与实际物体的尺寸、形状、位置有所不同,有哪几种?

5. 焊缝中常见的缺陷有哪几种? 简述它们在底片上的影像特征。

6. 底片上常见伪缺陷有哪几种? 如何鉴别?

# 第八章　核安全设备的射线检测

## 第一节　核安全设备射线检测的通用要求

对我国核电站核安全设备的射线检测中，应用 RCC-M 标准较多，本节介绍 RCC-M MC3000 中，射线检测部分通用要求。

### 一、技术文件

射线照相检测应按书面检测文件（检测规程和/或工艺卡）进行，书面检测文件应满足相关标准要求，并至少包括下列内容：

（1）使用范围；

（2）引用文件；

（3）检测人员要求；

（4）被检测物项的类型（名称、尺寸范围和材料类型）；

（5）检测器件：射线源（类型、规格及适应范围）、胶片（类型和牌号）、增感屏（类型和厚度）、滤光板（类型、厚度和标志）、屏蔽物（边缘和暗盒背面屏蔽物的材料及厚度）、像质计类型（孔型或丝型等）、位置和识别标记、胶片处理用品和观察装置等；

（6）检测条件：检测时机、检测区域、表面状态及检测范围；

（7）检测技术：胶片暗盒组成，像质计选择、位置和数量，标记内容和曝光条件（射线源或装置与检测区域的相对位置及几何不清晰度）；

（8）胶片处理条件；

（9）评片细则（双片或单片评定）；

（10）底片质量要求：几何不清晰度、黑度及变化范围、影像质量（伪缺陷、胶片灰雾度、底片冲洗硫化物、像质计灵敏度要求）和背散射；

（11）验收准则；

（12）报告要求等。

### 二、参考底片

当射线检测程序第一次应用时，为验证所采用的射线方法能使底片质量得到保证，必须拍摄参考底片。参考底片可以单独拍摄，也可从批量部件中的第一个部件或具有代表性的部位的合格底片中选择。

（1）当下面几个射线照相参数发生任何变化时，必须修改检测文件：

1）射线源种类；

2）曝光方式；

3）胶片种类；

4）增感屏和滤光板类型；

5）底片处理方法。

（2）当检测文件发生重大修改时，应重新拍摄一套参考底片。

1）制造厂应保存单独拍摄的参考底片以作为批量生产时的参考底片。

2）制造商应保存从合格底片中选取的底片并保证随时可以查阅，直到将其交付客户。上述两种情况下，参考底片都应做出标识。

## 三、射线透照技术

1. 透照方式的选择

透照方式分类详见本教材第四章第二节。

2. 射线源的选择

一般情况下可以使用的射线源有两种：

（1）X射线机、直线加速器和回旋电子加速器（电子感应加速器）产生的射线；

（2）由 $^{192}Ir$、$^{60}Co$、$^{75}Se$、$^{170}Tm$（铥）射线源产生的射线。

相关标准主要根据被检件和被检区域的厚度来选择射线源，而不同的执行标准有不同的要求，RCC-M标准的具体要求见表8-1。

**表8-1 射线源的使用要求**

| 根据总的壁厚选择射线源 | | | | |
|---|---|---|---|---|
| 射线源 | | 焊接件 | 铸件 | |
| | | | 焊接区 | 其它区 |
| 400 kV以下的X射线 | | ≤70 mm | ≤70 mm | ≤70 mm |
| $^{192}Ir$(1) | | ≤100 mm | ≤100 mm | ≤100 mm |
| $^{60}Co$(2) | | ≥70 mm | ≥70 mm | ≥70 mm |
| 直线加速器(3) | 1 MeV | ≥70 mm | ≥60 mm | ≥30 mm |
| | 1.5 MeV | ≥70 mm | ≥60 mm | ≥40 mm |
| | 2～3 MeV | ≥70 mm | ≥60 mm | ≥50 mm |
| | 4～6 MeV | ≥80 mm | ≥70 mm | ≥60 mm |
| | 8～12 MeV | ≥90 mm | ≥80 mm | ≥70 mm |

注：（1）用 $^{192}Ir$ 照射时间不超过18小时；

（2）用 $^{60}Co$ 照射时间不超过24小时；

（3）对于直线加速器，高能量范围的厚度限制适用于中间能量值的直线加速器。

3. 胶片的选择及多胶片技术

（1）胶片的分类

胶片应配合金属增感屏使用。胶片按照AFNOR标准NF EN584-1分C1～C6六类。

(2) 胶片的选择

RCC-M MC3300 规定了焊缝射线照相检测时适用于不同射线源的胶片级别，如下表 8-2 所示。

**表 8-2　焊缝射线检测适用于不同射线源的胶片级别**

| 射线源种类 | 适用胶片类别 |
|---|---|
| X 射线、$^{170}$Tm | C1、C2、C3、C4 |
| $^{192}$Ir | C1、C2(1) |
| $^{60}$Co | C1、C2(2) |
| 直线加速器 | C1、C2(2) |

注：(1) 当采用 $^{192}$Ir 射线源时，对于厚度大于 50 mm 的非核 1 级对接焊缝，可以使用 C3 型的胶片；

(2) 采用直线加速器和 $^{60}$Co 射线源，透照厚度大于 300 mm 的焊缝时，可以使用 C3 型的胶片；

(3) 对于电渣焊焊缝，可使用 C1～C3 型胶片。

表 8-3 给出了铸件射线透照时相关标准所要求适用的胶片类别。

**表 8-3　铸件射线检测所适用的胶片类别**

| 射线照相区 | | 胶片的类型 |
|---|---|---|
| 管嘴的焊接区和焊补区 | T＜100 mm<br>T≥100 mm | ≤C2(1),(3)<br>≤C3 |
| 其他区 | T＜100 mm<br>T≥100 mm | ≤C3<br>≤C4(2) |

注：(1) 当采用 $^{192}$Ir 射线源时，如果满足图像要求，可使用 C3 型胶片；

(2) 厚度大于 400 mm 的焊补区，如果满足图像要求，可使用 C5 型胶片；

(3) 当采用 400 kV 以上 X 射线照相时，可采用 C4 型以内胶片。

(3) 多胶片技术

1) 多胶片技术应用场合多胶片技术是在胶片暗盒里同时装入两张以上胶片进行射线照相技术。多胶片技术一般在下列情况下应用。

① 照相条件恶劣，不易重复照相的场合。如野外高空作业；γ 射线和高能射线照相透照大厚度工件透照时间长、辐射防护要求高、透照成本昂贵；以及检测工期进度的限制。若发现照相后底片上有可疑之处，重复透照存在一定的困难，此时有必要使用多胶片技术，同时摄得至少两张一样的底片，可进行互相对照进行评定。

② 对厚度差别较大的部件或焊缝进行射线照相，如按厚度厚的部位进行选择透照参数，则底片上厚度薄的部位的黑度过大，无法进行观察评定；如按厚度薄的部位选择透照参数进行照相，则底片上厚度厚的部位黑度过小，也无法进行评定。对这类工件，采用多胶片技术，按厚度薄的部位选择透照参数进行透照，在底片观察评定时，厚度薄的部位进行单片

评定观察,厚度厚的部位进行双片或多片叠加评定观察。

③ 在检测合金铸件、核设备的一些异种钢对接焊接接头时,由于合金的密度、主要元素原子序数或材质的不同,可能会在照相底片上形成黑度的差异,采用多片技术也可解决因黑度差造成的底片评定困难。

④ 双片透照技术包括有中屏的双片透照和无中屏的双片透照两种。其中无中屏双片透照时得到的底片前后两张底片的黑度基本一致($\Delta D \approx 0.1$),但由于每张底片仅有一面乳剂层紧贴增感屏,整体增感效果较差,曝光时间较长,因此常用于 X 射线检测厚度较薄(一般在 30 mm 以下)的工件。有中屏双片透照时由于前后两张胶片之间增加了一个中屏,增感效果较好,所需的曝光时间较短,效率较高,并且由于中屏有一定的滤波作用,可减少散射线对后片的影响,检测灵敏度优于无中屏双片透照(主要体现在后片灵敏度较好),常用于厚度较大(厚度在 30 mm 以上)工件的 γ 射线检测。

2) 双胶片技术

当标准要求双胶片时,应将两张感光速度相同的胶片装在一个暗盒内。当标准没有要求双胶片时,为使透照有效区满足由于厚度的变化较大而符合黑度要求,可将两张不同感光速度的胶片装在一个暗盒内。

RCC-M 标准规定:采用双片透照技术时,要求双片黑度必须大于 2.7,而且必须与观片灯的亮度相匹配,不得超过 4.5,双片评定时前后两张底片(同一部位)的黑度差不大于 0.5。对于对接焊缝,如果双片的最低黑度在 2.7~3.5 之间,而双底片对应于被检区的某些部分的黑度又大于 4.5,在满足上面黑度的要求时(单片必须大于 2.0,不得超过 4.5),可以采用单片评定,且两张底片都应进行评定。由此可以看出,采用双片透照技术时,由于底片黑度的增加,可以提高射线检测的灵敏度。

3) 多胶片技术

当标准要求多胶片时,为使透照有效区满足由于厚度的变化较大而符合黑度要求,可将两张以上的胶片装在同一个暗盒内,其中至少有两张感光速度相同的胶片。当标准没有要求多胶片时,为使透照有效区满足由于厚度的变化较大而符合黑度要求,可将两张以上不同感光速度的胶片装在一个暗盒内。

4. 增感屏的选择

射线检测单片透照时选择使用或不使用前后增感屏;双片透照时,选择使用的增感屏分前屏、中间屏(有时可以不用)和后屏。

使用增感屏时,其厚度的选择如下:

(1) 电压<100 kV 的 X 射线

应使用单层胶片技术,不强制使用增感屏。

(2) 电压≥100 kV 和≤400 kV 的 X 射线

应使用双层胶片技术。暗盒应包括:

1) 1 个铅制前屏,厚度在 0.05~0.15 mm 之间;

2) 1 个铅制中屏,名义厚度为 2×0.05~2×0.10 mm;在每种情况下每层中屏厚度都应小于前屏厚度;

3) 1 个铅制后屏,厚度在 0.05~0.20 mm 之间。

注1：当检测的厚度小于30 mm，而又采用双层胶片技术时，不强求使用中间铅屏。

注2：当检测的厚度小于30 mm时，若保持上述规定的前屏和后屏的厚度，可使用单层胶片技术。

(3) γ射线源

应采用双层胶片技术。暗盒包括：

1) $^{192}Ir$和$^{60}Co$射线源

1个铅制前屏，名义厚度为0.20～0.25 mm；

1个铅制中屏，名义厚度为2×0.10 mm；

1个铅制后屏，名义厚度为0.20～0.25 mm。

2) 用于焊接接头的$^{60}Co$射线源

强制使用厚度0.25 mm的不锈钢增感屏。

(4) 直线加速器和电子感应加速器

应采用双层胶片技术。胶片暗盒应包括：

1) 铅制前屏和后屏，其名义厚度在1～1.6 mm之间；

2) 1个中间屏(可选项)，名义厚度为2×0.10 mm。

5. 滤光板的选择

滤光板为一层铅板，放置在需要射线照相的零件和暗盒之间，也可装在暗盒内(在增感屏前)，降低软射线和散射线的影响。其厚度应根据采用的标准选择，通常按使用射线源种类、透照厚度和检测部位来选择。

(1) 采用能量低于400 kV的X射线机、直线加速器以及回旋加速器进行射线检测时，不强制使用滤光板；

(2) 采用γ射线源透照时，一般须使用滤光板。其滤光板的选择要求见表8-4。

**表8-4　滤光板的选择**

| 透照厚度 $T$/mm | 滤光板厚度(铅)/mm |
|---|---|
| $T \leqslant 40$ | 0.5 |
| $40 < T \leqslant 60$ | 1 |
| $60 < T \leqslant 80$ | 1.5或2(用于碳钢或低合金钢)、2(用于不锈钢) |
| $T > 80$ | 2 |

(3) 当采用$^{192}Ir$和$^{60}Co$射线源对钢铸件进行射线照相检测时，除焊接区和焊补的较大凹坑和技术规范中规定的区域外，不强求使用滤光板。

6. 几何不清晰度限值

(1) 一般情况

射线检测的几何不清晰度值，应不超过表8-5中所列的数值。

表 8-5 一般情况几何不清晰度限值

| 射线源 | 焊接接头 | 铸件 | |
|---|---|---|---|
| | | 焊接区 | 其他区 |
| 400 kV 以下 X 射线或 $^{192}$Ir | 0.30 mm | 0.40 mm | 0.50 mm |
| $^{60}$Co | 0.60 mm | 0.60 mm | 1.0 mm |
| 直线加速器或电子感应加速器 | 1.0 mm | 1.0 mm | 1.0 mm |

(2) 特殊情况下，当采用中心透照或内部偏心透照时，几何不清晰度的最大允许值见表 8-6。

表 8-6 特殊情况几何不清晰度限值

| 射线源 | 厚度($T$) | 焊接件 | 铸件 | |
|---|---|---|---|---|
| | | | 焊接区 | 其他区 |
| $^{192}$Ir | 任意厚度 | 0.60 mm | 0.60 mm | 0.60 mm |
| $^{60}$Co | $T \leqslant 100$ mm | 0.80 mm | 0.80 mm | 1.0 mm |
| | $T > 100$ mm | 0.90 mm | 0.90 mm | 1.0 mm |

(3) 由奥氏体或奥氏体—铁素体不锈钢制成的插入式焊接支管的特殊情况：

用置于支管轴线上的 $^{192}$Ir 内源照射曝光，以检测支管与母管连接焊缝的情况下，公称直径在 250 mm 以下的支管，几何不清晰度最大值为 0.6 mm。公称直径大于或等于 250 mm 的支管，几何不清晰度最大值允许达 0.90 mm。

7. 散射线的防护

(1) 背散射线的防护

1) 背散射线的防护，应采用铅制遮挡板。遮挡板由一层或多层铅板制成，总厚度至少 2 mm。它紧贴于暗盒背后。

2) 为检查背散射线的防护，在暗盒背面附一厚度为 1.5～2.5 mm 厚的铅制字母“B”，以检查背散射线防护的效果。如果“B”淡色影像出现在较黑的射线底片上，即表示背散射的防护不够充分，该线底片应当认为是不合格的，需用更厚的遮挡板重新透照。如有“B”的黑影像出现在较淡的背景上，则不得作为底片质量不合格的原因。如果在同条件下重复透照，只需验证第一次透照的有效性。

(2) 边蚀效应的防护

当被检件长度余量或几何形状不能完全消除边蚀效应时，应当用适当的方法进行防护。如：采用补偿材料、补偿块或侧遮挡板等。

8. 射线照相胶片的相关测试

(1) 灰雾度测试

灰雾度是指未经曝光显影胶片的总黑度(乳胶+片基)。RCC-M MC3152 要求：灰雾度不得超过 0.3，至少每六个月对同一批库存的胶片抽样测试一次，以核查胶片在使用前是否按要求贮存。一批的定义为同一时间采购的同一类型的胶片。

(2) 冲洗质量的测试

这一检测的目的是确保处置过的胶片过后能最佳保存。

胶片的储存寿命直接与硫代硫酸盐离子含量有关。这些离子的浓度低于 0.05 g/m$^2$,通常能保证胶片长期储存寿命。

将处置过的未使用胶片用胶片制造商推荐的溶液进行化学浸蚀,浸蚀后所得到的图像,与代表各种浓度的典型图像,在日光下,进行肉眼对比,据此评定硫代硫酸盐离子的含量。

检测的频率由使用者决定,在此期间处置条件保持不变。

如果检测发现硫代硫酸盐离子浓度大于 0.05 g/m$^2$,应采取以下行动:

1) 停止显影,并采取纠正措施;

2) 重新处置基准胶片(定影+冲洗);

3) 重新检测基准胶片;

4) 重新处置所有含有缺陷的胶片。

9. 图像质量要求

使用透度计记录的图像质量应能清楚看出孔或线。以下仅列出对焊接件的丝型像质计图像质量要求,见表 8-7。

**表 8-7　焊接件的一般情况**

| 厚度 $T$/mm | 最后可见孔直径/mm | 最小可见线的直径/mm |
|---|---|---|
| $T \leqslant 3$ | 0.25 | 0.10 |
| $3 < T \leqslant 6$ | 0.32 | 0.125 |
| $6 < T \leqslant 10$ | 0.40 | 0.16 |
| $10 < T \leqslant 16$ | 0.50 | 0.20 |
| $16 < T \leqslant 25$ | 0.63 | 0.25 |
| $25 < T \leqslant 32$ | 0.80 | 0.32 |
| $32 < T \leqslant 40$ | 1.00 | 0.40 |
| $40 < T \leqslant 80$ | 1.25 | 0.50 |
| $80 < T \leqslant 125$ | 1.60 | 0.63 |
| $125 < T \leqslant 160$ | 2.00 | 0.80 |
| $160 < T \leqslant 200$ | 2.50 | 1.00 |
| $200 < T \leqslant 250$ | 3.20 | 1 060 |
| $250 < T \leqslant 320$ | 4.00 | 2.00 |
| $320 < T \leqslant 400$ | 5.00 | 2.50 |

(1) 外径等于或小于 120 mm 的管或支管焊缝以及角焊缝

要求的图像质量根据表 8-7 的规定向下移动一格。

(2) 其他特殊情况

在下列情况下,对于厚度大于 80 mm 对接焊缝的检测,对应于较小的孔径,表 8-7 给出的值,应向上移一行。

1) 蒸汽发生器二回路侧锥体和上部及下部的圆柱段之间的焊缝;

2) 最大有效工作压力大于 20 bar 的平封头与壳体之间的焊缝。

# 第二节 管道焊接接头的射线检测

## 一、概述

在核电站中,无论在核岛和常规岛厂房,连接各种承压设备、泵和阀门的主要就是各种各样的管道。核电站的管道按照安全级别,分为安全一级、安全二级、安全三级和非安全级别的管道;管道一般通过焊接的方式将各种承压设备、泵和阀门连接起来,组成了核电的上百个系统。管道内部流动的介质主要有水、蒸汽和压缩空气等,各种介质按照预定的流程在管道中流动,完成相应的功能,保证核电站的正常运转。一部分管道除此之外,还要承担安全功能,如一回路主管道,除保证一回路冷却剂循环流动,不断带出堆芯的热量外,还是反应堆重要的第二道安全屏障。因此管道焊接接头质量的好坏直接关系到核电站能否安全、经济和稳定的运行,必须在管道焊接的工艺过程中严把质量关,按照标准的要求对管道焊接接头进行无损检测;同时有的管道由于运行环境比较恶劣,在核电站在役运行期间,也需要对管道焊接接头定期进行检查。射线检测是对管道焊接接头进行无损检测的主要方法之一。目前我国核电站中对管道焊缝实施射线检测,根据核电站建设标准的不同,核级管道射线检测依据的标准有 RCC-M 标准、ASME 标准和俄罗斯标准等,本教材介绍 RCC-M 标准的有关内容。核岛厂房内的管道焊缝一般使用 $^{192}$Ir 射线源实施射线检测。

## 二、管道焊接接头射线检测技术(RCC-M 标准)

1. 检测条件

(1) 检测时机

射线检测一般应在焊接完成后热处理之前实施,有延迟裂纹倾向的材料应在焊接完成24 小时后进行,有再热裂纹倾向的材料应在热处理后再增加一次无损检测。

(2) 检测区域

检测区域包括焊缝和距离下列值的相邻母材;对坡口而言,距实际坡口边缘的距离或在补焊时距清理沟槽的距离:

$T$(管壁厚)≤30 mm 时,至少为 5 mm;

$T$ >30 mm 时,至少为 10 mm。

(3) 表面准备

检测区域表面应无锈蚀、异物或任何有碍射线底片评定的不规整状态,否则应作适当的修理,可用机加工和打磨方法。表面可经加工、磨削、喷砂、喷丸清理或不经加工处理。

厚度大于 50 mm 的对接环焊缝,应采用合适的机械方法,将焊缝外表面和可接近的内表面加工到与管道母材齐平。用钨极惰性气体保护焊施焊的第一焊道及其不规则状态对评片无妨碍时,不必将其内表面加工到与母材齐平。

厚度等于或小于 50 mm 的对接环焊缝，其表面应与焊接管道表面均匀过渡，不得有咬边。此外，用药皮焊条在水平、垂直方向施焊的焊缝，应磨去纵向沟槽和表面缺陷，对于其他位置的焊缝，必要时可用砂轮打磨以利评片。

2. 透照方式的选择

针对不同规格的管道焊接接头，其透照方式的选择 RCC-M MC3312 主要有如下一些规定：

(1) $D_0 \leqslant 90$ mm

选用双壁重叠透照法或双壁椭圆成像法，最少两次互成 90°透照，可采用下列方法：

1) $D_0/T \leqslant 10$，采用垂直透照法，射线源与焊缝中心线处于同一平面内；

2) $D_0/T > 10$，采用垂直透照或椭圆成像。

($D_0$—管外径，$T$—管壁厚)

(2) 90 mm$<D_0 \leqslant$170 mm

1) $D_0/T \leqslant 5$

如能将射线源放入管道内，则采用 $F > R$ 偏心内透法，将射线源置于胶片正对面的管道内壁上；

如射线源不能放入管道内，则采用双壁单影法，将射线源置于胶片正对面的管道外壁上。

2) $D_0/T > 5$

① 如能将射线源放入管内，并能满足几何不清晰度的要求，则按如下优先次序透照：

a. 采用中心透照法，将射线源置于焊缝截面中心(管轴线上)位置；

b. 采用 $F > R$ 偏心内透法，将射线源置于胶片正对面的管道内壁上。

② 如不能将射线源放入管内，则必须按下述放置：

a. 采用双壁单影法，将射线源置于胶片正对面的管道外壁上，至少作四次间隔均匀的透照。

b. 采用单壁外透法，将射线源放在管焊缝外侧上方，与焊缝位于同一平面内，作垂直透照，采用单壁评定，要求必须进行多次透照。

3) $D_0 >$170 mm

当射线源可以直接地或用引管间接地放入管道内时，最好采用中心透照法，将源置于管环焊缝截面中心位置；如不能将射线源置于管道内，则采用双壁单影法。

3. 像质计的放置要求

(1) 像质计的放置位置

当用线型像质计时，将其横跨在焊缝上，保证在底片的均匀黑度区域至少可见有 10 mm 的钢丝长度。

当用阶梯孔型像质计时，像质计应放置于焊接接头熔融金属外，并尽可能远离评定区域。当检测外径小于等于 120 mm 的管焊缝时，像质计要放在透照区的中心平面上。

(2) 像质计放置数量

采用单个暗盒曝光时，至少放一个像质计，且置于胶片可评定区的一端。

不同厚度或不同种类材料之间的对接焊接接头，如果焊接接头的几何结构允许，必须在评定区的不同厚度或不同种类材料处分别各放一个相适应的像质计，且位于胶片可评定区的端部。

全景透照时，单张透照的要求适用于全景透照区域的至少两个面对面的位置。

同一暗盒中叠放两张速度相同或不同底片，以扩大一次透照可检测范围时，在被检件不同厚度的表面上放置相同规格的像质计。

4. 射线检测验收标准

核级管道焊缝射线检测验收标准，分为核1级焊缝、核2级焊缝和核3级焊缝，分别列于RCC-M S7710、S7720和S7730中。验收标准适用于隔离层和承压焊缝的验收，受检区域包括焊缝金属和邻近母材区域，如果在检测过程中，上述规定的检测区域之外有缺陷，应根据相应的材料标准对检出缺陷评定。如果堆焊后需要射线检测，该标准也同样适用于堆焊层。

以下仅列出核1级焊缝和核2级焊缝的验收标准。

(1) 核1级焊缝的验收

有下列情况为不合格：

1) 任何裂纹、未熔合、未焊透、咬边。

2) 单个气孔的最大尺寸($L$)大于表8-8规定。

3) 在12倍板厚或150 mm较小值范围内，任何链状(或密集)气孔长度之和超过板厚值。

如果两气孔其间距小于6倍的较大孔径时，则视两气孔为同一链状(或密集)气孔(不包括间距)。

4) 单个夹渣的最大长度大于表8-9规定。

两个单独的夹渣其间距小于较短者的6倍时，视为单个夹渣(包括间距)。

5) 任一夹渣组累计长度在12倍板厚范围内超过板厚值。

当两夹渣间距小于较大者的6倍，则视为同一夹渣组(不包括间距)。

**表8-8 单个气孔的最大尺寸**

| 壁厚 $t$/mm | 气孔长度 $L$/mm |
|---|---|
| $t \leq 4.5$ | $t/3$ |
| $4.5 < t \leq 6$ | 1.5 |
| $6 < t \leq 10$ | 2 |
| $10 < t \leq 25$ | 2.5 |
| $25 < t \leq 50$ | 3 |
| $t > 50$ | 4 |

**表8-9 单个夹渣的最大长度**

| 壁厚 $t$/mm | 夹渣长度 $L$/mm |
|---|---|
| $t \leq 6$ | 1.5 |
| $6 < t \leq 10$ | 3 |
| $10 < t \leq 60$ | $t/3$ |
| $t > 60$ | 20 |

(2) 核 2 级焊缝的验收

有下列情况为不合格:

1) 任何裂纹、未熔合、未焊透、咬边。底片上的连续咬边,按目视检测的标准验收。

2) 气孔长度大于 6 mm 或 1/3 板厚的较小值。

3) 在 12 倍板厚或 150 mm 较小值范围内,任何链状(或密集)气孔长度之和超过板厚值。

如果两气孔其间距小于 6 倍的较大孔径时,则视两气孔为同一链状(或密集)气孔(不包括间距)。

4) 单个夹渣长度大于或等于表 8-10 中值时。

5) 在 12 倍板厚的评定区内任一夹渣组总长超过板厚值。

当两夹渣间距小于较大者的 6 倍,则视为同一夹渣组(不包括间距)。

**表 8-10　允许单个夹渣的长度**

| 壁厚 $t$/mm | 夹渣长度 $L$/mm |
|---|---|
| $t \leqslant 18$ | 6 |
| $18 < t \leqslant 60$ | $t/3$ |
| $t > 60$ | 20 |

# 第三节　插套焊缝的射线检测(RCC-M 标准)

## 一、概述

插套焊缝是核电建造过程中常见的焊接形式,由于其具有耐压强度高、清洁度高、气密性能好、承受拉拔力大、易于焊接、使用寿命周期中几乎零维修等特点,广泛应用于外径 2″以下的核辅助管道和仪表管的焊接。插套焊缝焊接时,除要求焊缝本身合格外,还要保证插入的管端距离被插入管件台肩留有一定的间隙,以防运行时由于热胀冷缩管子膨胀伸长对承插焊缝产生附加的拉伸应力。因此,在焊接时,除了对焊缝的内外部质量进行检测外,还应对插套底部的间隙进行检查。

## 二、插套焊缝射线检测技术

1. 检测区域

检测区域包括熔敷金属和邻近的热影响区以及插套底部的间隙,如图 8-1 所示。

2. 透照技术

通常采用双壁重叠影像的方法进行检测,射线源置于焊缝与套管相连接的平面上,射线源与胶片的距离至少为套管外径的 10 倍,胶片–工件–射线源的位置关系如图 8-1。核安全 1、2 级焊缝要求至少以相互 90°的方向进行两次曝光,3 级和无级焊缝进行一次曝光。由于插套焊缝厚度变化很大,一般要求采用双片透照技术,当焊缝厚度差变化过大,以致一次曝光不能得到适于单片或双片评定的黑度时,可采用下述方法的任一种:

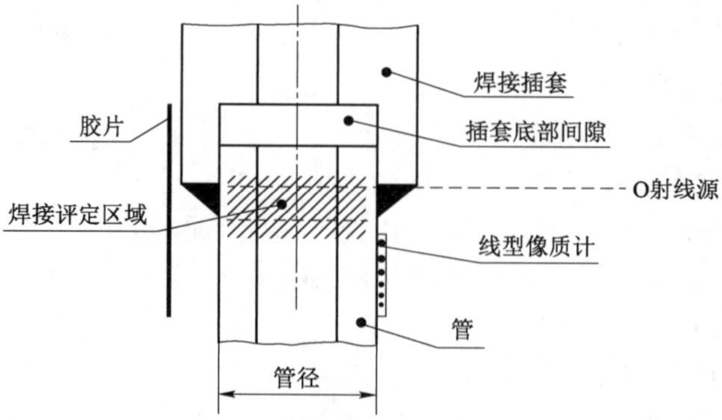


图 8-1 插套管射线检测示意图

(1) 使用标准允许的范围内的两种感光速度不同的两个双胶片暗盒(如C1和C2类胶片);

(2) 采用γ射线源进行射线检测;

(3) 根据需要进行两次曝光,一次检测焊缝,另一次检测间隙。

3. 底片质量要求

底片质量要求如下。

(1) 黑度:单片观察时,在直接贴近焊缝的支管轴线上测得黑度应大于3。

(2) 像质计:采用线形像质计平行于焊缝放置于插管的射线源侧(如图 8-1 所示),选择像质计钢丝直径时按两倍插管壁厚考虑,但仅作为显示缺陷的基准。

(3) 可采用单片或双片法评定焊缝,均采用单片观察焊缝,双片观察间隙的办法。

4. 底片评定

以下缺陷不可接受:

(1) 明显的缺陷,例如像未熔合,裂纹塌陷和未焊透;

(2) 影响最小焊喉值或在透照底片上呈现的缺陷尺寸≥1.5 mm 的夹渣;一氧化碳气孔;间隙过大或无间隙。

# 第四节 核岛主设备对接焊接接头的射线检测(RCC-M 标准)

## 一、概述

核电厂反应堆一回路的主要核安全设备包括:反应堆压力容器、蒸汽发生器、稳压器等。这些设备的筒体母材采用低合金钢锻件,其对接焊接接头为窄间隙全焊透环向焊缝,厚度一般可达 100～300 mm。

反应堆压力容器是带有一个焊接的半球形下封头及一个可拆卸法兰连接和加密封垫的半球形上封头的圆筒。主要由法兰环、筒身段、冷却剂进出口接管与筒体组合件、顶盖组合件、底封头和法兰密封结构组成,母材采用低碳含锰、钼、镍的低合金钢;同时考虑到抗腐蚀性能的特殊需要,在反应堆压力容器的各部件拼装后,在内壁堆焊 6～8 mm 的不锈钢堆焊层。蒸汽发生器主要由半球形下封头、管板、U 型管束、汽水分离装置及筒体组件构成,筒体母材采用低碳含锰、钼、镍的低合金钢。稳压器是一个带有半球形上封头和下封头的立式圆筒形容器，母材采用低合金钢材料，同时在内壁堆焊不小于 5 mm 的不锈钢堆焊层。本节讲述的是核岛主设备焊缝在制造厂期间的射线检测（应用 RCC-M 标准）。

## 二、核岛主设备对接焊接接头的射线检测技术要求

1. 检测时机

射线检测一般在焊接完成后热处理前实施，有延迟裂纹倾向的材料应在焊接完成 24 小时后进行，有再热裂纹倾向的材料应热处理后再增加一次无损检测。

2. 检测区域

被检区域应包括全部焊缝及焊缝附近至少 10 mm 的母材区域。

3. 表面准备

射线检测之前应进行目视检测，在被检区域表面应外观整齐、无异物和任何有碍射线照相底片评定的不平整状态，氧化皮、异物都必须清除。表面状况可根据需要使用适当的机械方法对可接近的外表面和内表面进行机械加工或打磨等。

4. 射线检测设备

根据总的壁厚选择射线源的要求见表 8-11。

5. 胶片选择

选择 AGFA D3 型或同等级别胶片（RCC-M/MC3000 的要求选用 C2 类胶片），采用同速双胶片法。

**表 8-11　射线检测设备的选择**

| 根据总的壁厚选择射线源 | | |
|---|---|---|
| 射线源 | | 焊接件 |
| $^{60}$Co$^{(1)}$ | | ≥70 mm |
| 直线加速器$^{(2)}$ | 4～6 MeV | ≥80 mm |
| | 6～9 MeV | ≥90 mm |

注：(1) 采用 $^{60}$Co 的曝光时间不能超过 24 小时；

(2) 对于直线加速器，高能量范围的厚度限制适用于中间能量值的直线加速器。

6. 增感屏选择

增感屏必须干净、光洁、无划痕，使用前注意检查。铅增感屏的厚度选择见表 8-12：

**表 8-12　增感屏的厚度选择**

| 射线源种类 | 铅增感屏厚度/mm | | |
|---|---|---|---|
| | 前屏 | 中间屏 | 后屏 |
| $^{60}$Co$^{(1)}$ | 0.20～0.25 | 2×0.10 | 0.20～0.25 |
| 直线加速器 | 1～1.6 | $2^3$×0.10 可选择 | 1～1.6 |

注：(1) 对于 $^{60}$Co 的射线检测，使用 0.25 mm 厚的不锈钢增感屏。

7. 滤光板

除非另有规定,采用γ射线源时必须使用滤光板,透照厚度 $T$ >80 mm时,选择铅滤光板厚度为2 mm;在滤光板一个角上钻两个$\phi$3 mm的孔,同时对其进行编号,以便排除底片评定时出现的某些疑问,并核实是否放置滤光板。

滤光板放置于被检工件和胶片之间或放在暗盒内。

8. 底片上的识别标记和定位标记

射线底片的标识可以用数字和字母做标记,标记置于在评定区域外侧。当采用胶片标识器标识标记时,应当在胶片曝光之前进行标记。与被检区域的钢印(或编号)相一致的底片上的识别标记和定位标记,应清晰可见,保证底片上的标识与相关的被检区域完全相对应。对于返修后,返修区域的射线底片的标识还须加一个识别标记,即铅制字母"R"。若是二次返修或三次返修区域检测,应放R2或R3。底片上的定位标识系统与相关被检区域在任何情况下都应对应,能从底片上被检区域的标识找到工件的对应位置。该识别标志在任何情况下,应不影响底片上受检区域的评定。

9. 像质计的选用及摆放位置

一般选用线型像质计,像质计的型号为:(1FE7),最小可见的透度计线径根据实际透照厚度按照标准要求进行确定。

像质计应置于射源侧,紧贴工件表面,横跨在焊缝上,保证在底片的均匀黑度区域至少可见有 10 mm 的钢丝长度。像质计放置数量:采用单个暗盒曝光时,至少放一个像质计,且置于胶片可评定区的一端;采用环焊缝中心透照检测时,至少每隔 90°放置一个像质计;当评定区内有与环焊缝相连的纵缝时,在离源最远的纵缝部位应另外放置像质计。

10. 透照方式

可采用 $^{60}$Co 射线源进行中心法透照。也可采用加速器进行源在外单壁透照。

11. 底片黑度

使用黑度计测定底片黑度,测试区域包括焊缝和邻近母材,该区域为距离焊缝至少10 mm 范围。双片黑度应大于 2.7 并符合工业用观片灯的亮度水平,然而,双片最大(叠片)黑度不能超过 4.5,黑度在双片可评定的区域内必须是逐渐变化的。当采用双片时,对每张底片相同点测量的黑度值差不得超过 0.5。

12. 焊缝射线检测验收标准

按照 RCC-M 标准验收,详见本章第一节。

## 第五节 核安全设备铸钢件的射线照相检测

民用核安全设备铸钢件多为容器封头、泵和阀类及其部件,由于其规格尺寸大小不同,结构形状复杂,厚度变化较大,材质晶粒粗大等因素影响,使射线照相检测难度较大。

我国的民有核安全设备的铸钢件射线照相检测,基本采用 RCC-M 或 ASME 标准,射线照相检测人员必须按照标准透照、处理出合格的底片,并且准确识别缺陷和评定质量等级。

## 一、铸钢件的射线照相检测的特点

1. 铸钢件一般是晶粒粗大

特别是奥氏体不锈钢,当晶粒大到其尺寸与材料厚度相比不容忽略时,采用低能 X 射线透照时,其底片上整体或某部位会出现衍射斑点,要通过验证区分是否是缺陷。

2. 形状复杂

零件要求整体射线照相检测时,也有检测不到的部分(见图 8-2),要在检测报告中特别注明。

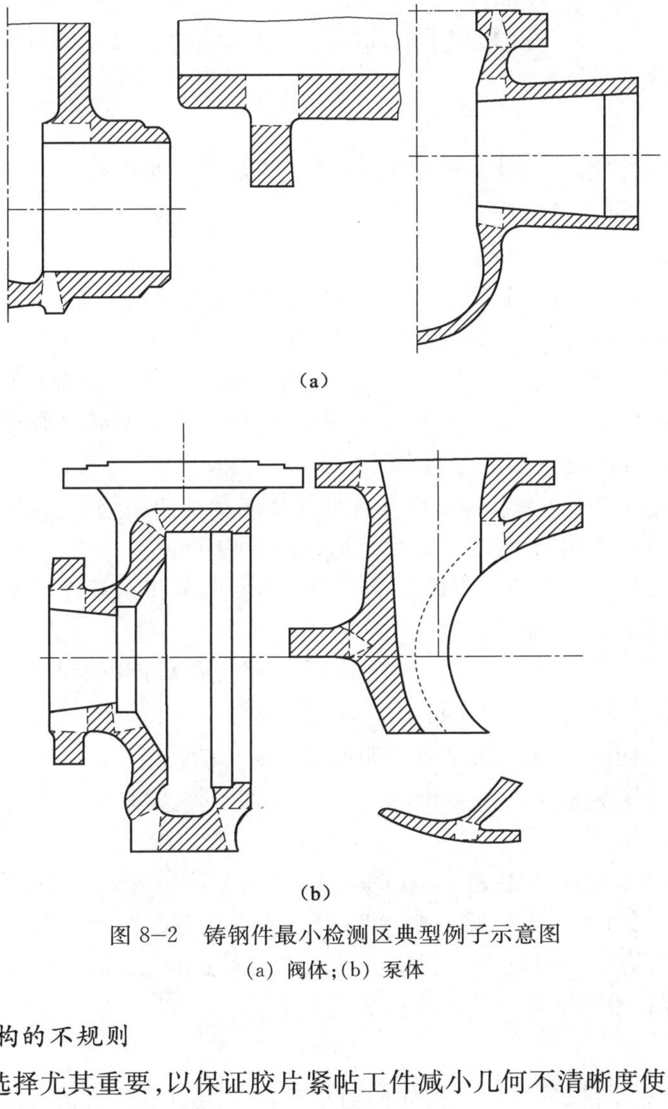

(a)

(b)

图 8-2 铸钢件最小检测区典型例子示意图

(a) 阀体;(b) 泵体

3. 形状和结构的不规则

其透照方式选择尤其重要,以保证胶片紧帖工件减小几何不清晰度使之满足要求。

4. 双胶片技术

根据使用的设备、检测厚度及胶片与增感屏匹配等,要求采用相同双胶片技术。

5. 多胶片技术

由于厚度变化较大,为了保证每个透照区域,即每张底片的黑度满足要求,往往采用多胶片技术。

## 二、铸钢件射线检测技术要求

1. 检测时机

检测时机应依据铸钢件的技术标准要求实施：

(1) 无热处理的，应在铸钢件表面处理、检查合格后进行。

(2) 有热处理的，根据铸钢件技术标准要求实施。一般都规定在最终热处理后实施，当设计规范书有规定时可在最终热处理前实施。

(3) 对厚度有要求的，应在粗加工后或限定厚度范围内实施，但像质计灵敏度和验收等级评定应根据成品厚度确定。

2. 检测区域

检测区域应依据铸钢件的技术标准要求确定，通常为下列规定。

(1) 对于1、2级设备铸钢件

整体检测：

整体检测的覆盖应尽可能包括最大的体积。对于理论上要求100%射线照相检测，由于其几何形状和结构复杂，实际存在不能进行透照的区域。如铸钢件法兰与壳体连接部位、阀座和阀体连接部位、泵壳的接管与泵体连接部位，较薄的壳体与较厚的凸出部分的过渡区等，限制了射线源的放置，而不能采用常规检测方法，或使其不能满足底片质量要求(几何不清晰度、黑度等)，或者要花费大量的操作时间。

图8-2a和图8-2b中剖面线区域，以阀体和泵体局部为典型例子，规定了最小检测区，其覆盖率至少不低于简图所示的范围。其他形状的铸钢件类同。

检测的记录和报告中，应图解或标注说明最小透照区域和不能进行透照的区域。

(2) 对于3级设备和其他铸钢件

检测区域通常为修补焊接区、焊接管口端部、承受支承载荷以及与铸造方法有关的关键性区域，以及须精加工的配合区和密封垫区等局部检测。

局部检测的覆盖也不应低于图8-2中典型简图所示的范围。

修补焊接区：零件厚度 $T>30$ mm，至少为铲修沟槽外10 mm；零件厚度 $T\leqslant 30$ mm，至少为铲修沟槽外5 mm。

焊接管口端部：检测范围为距最终坡口端部长度，此长度至少等于连接管名义厚度的3倍，但不超过75 mm。另外进行射线照相检测时，要考虑坡口端部留有余量，一般要求≤5 mm。这里需要提醒的有两点，一是检测时机应在坡口加工前进行，二是管口往往壁厚较小，射线照相检测须保证所有透照参数和技术指标满足要求。

3. 检测表面处理

待检区表面应无锈蚀、异物或任何妨碍射线底片评定的不规则状态，否则应加工、修磨、喷砂等处理。

4. 铸钢件缺陷及其影像特征

(1) 铸钢件常见缺陷分类　核电铸钢件射线照相检测标准由设计规范书制定，缺陷识别与评定一般采用缺陷参考底片进行比较判断。

铸件中常见的内部缺陷的分类：

1）A 类：气孔(Gas porosity)；

2）B 类：夹杂物(Sand and slag inclusions)(夹砂、夹渣)；

3）C 类：残缩缺陷(Shrinkage)(缩孔、缩松、疏松)；

4）D 类：裂缝(Crack)；

5）E 类：热裂纹(Hot tear)；

6）F 类：嵌入物(Insert，一般为内冷铁)；

7）G 类：斑点(Mottling)。

(2) 铸钢件常见缺陷的产生和出现在底片上影像的特征

铸造是通过熔炼金属或其合金、制作铸型，并将金属溶液浇入铸型，在金属溶液凝固后获得一定形状和性能工件的工艺过程，它是工件直接成型的方法。铸造包括多种方法，如砂型铸造、金属型铸造、压铸、熔模铸造、离心铸造等。铸件的质量，除了直接与铸造合金相关外，还主要与铸造设计、铸件制造工艺和铸造操作有关。

它们共同影响液态合金的性质、液态合金的充型能力和铸件的凝固过程决定了铸件的质量。

1）A 类气孔

气孔是熔化的合金在凝固过程中，合金溶液中的气体未能逸出，在铸件中形成的气体孔洞，常与夹渣物或缩松同在。

① 气孔的产生

按照气孔产生的原因，可分为卷入气孔、浸入气孔、反应气孔和析出气孔。

卷入气孔：在浇注、充型过程中因气体卷入金属液中而在铸件内形成的气孔。卷入气孔一般为孤立存在的大气孔，形状通常为圆形或椭圆形，位置不定，一般偏在铸件中上部。

侵入气孔：由浇注、充型过程，高温溶液与型、芯、涂料、芯撑、冷铁等温差较大产生的气体侵入铸件而形成的气孔。侵入气孔多呈梨形或椭圆形，位于铸件表层或近表层，尺寸较大，孔壁光滑，表面常有氧化色。

反应气孔：由金属液与型、芯在界面上，或由金属液内部某些成分之间发生化学反应而形成的成群分布的气孔。反应气孔通常表现为针孔。位于铸件表层的反应气孔称为表面针孔或皮下针孔，形状呈针头形或细长腰圆形，由金属液与型、芯涂料中的成分发生界面反应而引起；分散成群分布在铸件整个断面上或某个局部区域的反应气孔，形状呈针头形，由金属液内成分之间发生化学反应所引起。位于铸件上部的反应气孔常伴有夹渣。

析出气孔：由溶解在金属液中的气体在铸件成形过程中析出而形成的气孔。析出气孔多呈细小圆形、椭圆形或针头形，成群分布在铸件整个断面上或某个局部区域内，孔壁光亮。

② 气孔在底片上影像的特征

气孔在底片上的影像有气孔和针孔两种形态。

气孔的影像特征常为独立或成群的圆形、椭圆形、腰圆形、梨形的暗斑，轮廓圆滑、影像鲜明，整个影像黑度较大无明显变化。较大的气孔很容易识别，但细小的气孔与夹渣，有时很难区分。

针孔是铸件中比较均匀散布的细小气孔的影像。在铸件截面厚度较小时，在底片上呈现均匀散布的影像清晰的暗点。在铸件截面厚度较大时，影像可能转化为尖点状(苍蝇脚状)或近于圆点状。厚度越大，影像越模糊，影像逐渐变成模糊的云片状。

2）B类夹杂物

夹杂物是铸件中含有与本体不同成分的各种金属和非金属异物。

① 夹杂物的产生

按照夹杂物产生的原因，可分为金属夹杂物、夹渣、沙眼（夹砂）。

金属夹杂物：异种金属块混杂在金属溶液中，并凝固在铸件中。

夹渣：熔炼过程中金属溶液内部反应形成和分离出来浮渣、熔剂残渣、脱落的铸型材料等，凝固在铸件中。

沙眼：型砂受到冲刷，致使型砂脱落或其他原因使型砂残留在铸件中形成的缺陷。

② 夹杂物在底片上影像的特征

金属夹杂物：具有一定的几何形状，视其与铸件金属密度的大小、原子序数的高低，它的影像黑度将比铸件背景黑度低或高。

夹渣：独立或局部范围内分布的颗粒状黑斑。颗粒的大小、形状不同，常呈现为小片状影像，影像轮廓比较清晰、黑度高于背景黑度。

沙眼：型砂残留在铸件中可能为形状不规则的分散颗粒或块状，所以其影像也是形状不规则的分散颗粒或块状，黑度一般高于背景黑度。

3）C类残缩缺陷

残缩缺陷严格的讲，应分为缩孔、缩松和疏松。

① 残缩缺陷的产生

缩孔与缩松：铸件在冷却和凝固过程中，因液态冷却收缩补充不良或固态收缩时形成的孔洞。集中的大孔洞称为缩孔，分散而细小的孔洞称为缩松。

缩孔形状不规则，孔壁粗糙，常伴有粗大树枝晶、夹杂物、气孔、裂纹、偏析等缺陷。缩孔上方或附近的铸件表面有时会出现缩陷。

缩松的宏观断口形貌呈海绵状，有时肉眼不能发现。缩松铸件密封性能较差，进行液压或气压试验时易渗漏。缩松严重的铸件在凝固冷却或热处理过程中容易产生裂纹。

疏松：又称为显微缩松，是铸件凝固缓慢的区域因微观补缩通道堵塞而在枝晶间及枝晶的晶臂间形成的很细小孔洞。

疏松的宏观断口形貌表现为分布在晶界和晶壁间、伴有粗大树枝晶的显微孔穴。

② 残缩缺陷在底片上影像的特征

缩孔：影像在底片上的形态常见为集中性孔洞和纤维状（树枝状）缩孔，形状不规则、黑度比背景高出较多黑暗影像。

缩松：影像在底片上的形态常见为海绵状或云雾状黑影，具有一定的面积分布。

疏松：疏松分布在整个厚度范围内，在底片上呈现的影像与铸件的厚度有关。对薄的截面，可显示为细的网纹影像；对厚的截面，由于细小孔洞的相互重叠，将显示为模糊的暗斑。

4）D类裂缝（冷裂、冷隔）

ASME的缺陷评定标准没有提到冷隔，也没有样片，应该是归于D类缺陷。

① 裂缝（冷裂、冷隔）的产生

冷裂纹：铸件凝固后冷却到弹性状态时，因局部铸造应力大于合金极限强度而引起的开裂。冷裂往往穿晶扩展到表面，呈宽度均匀的细长直线，断口有金属光泽或轻微的氧化色泽。

冷隔：充型金属流汇合时，金属溶液熔合不良或金属溶液不连续，造成铸件上穿透或不穿透的缝隙，边缘呈圆角状。

② 裂缝（冷裂、冷隔）在底片上影像的特征

冷裂纹：在底片呈现略弯或平直黑色的条纹，有时出现短的分枝。

冷隔：在底片呈现宽度比较均匀，平滑的线条状或片状（倾斜面）影像。

5）E类热裂纹

① 热裂纹的产生

热裂纹是铸件在凝固末期或终凝后不久，铸件尚处于强度和塑性很低状态下，因铸件固态收缩受阻而引起的裂纹。热裂断口严重氧化，无金属光泽，裂纹在晶界萌生并沿晶界扩展，呈粗细不均、曲折而不规则的曲线。外裂纹表面宽内部窄，呈撕裂状；内裂纹一般发生在铸件内部最后凝固的部位，断面常伴有树枝晶。

② 热裂纹在底片上影像的特征

热裂纹在底片上呈现为不规则的黑线状影像，黑线常为波折状，有时形成分叉。

6）F类内冷铁（型芯撑未熔）

① 内冷铁的产生

型芯撑是用于支撑铸模型芯的金属器件，通常用与铸件相同的金属材料制造。正常情况下，铸件溶液与型芯撑接触时，应被熔化。如果型芯撑未熔化或仅部分熔化，所产生的缺陷称为内冷铁。内冷铁缺陷的产生类似于冷隔。

② 内冷铁在底片上影像的特征

内冷铁在底片上呈现为与型芯撑在射线方向的轮廓一致的连续或断续黑线影像。

7）G类斑点

① 斑点的产生

斑点是组织致密性很差的缺陷，密封性试验时易渗漏，多出现在铸铁件。

② 斑点在底片上影像的特征

斑点在底片上呈现暗斑点影像，影像特征常与疏松、针孔等相混淆。底片评定时，要特别注意与“衍射斑点”区分。

5. 铸钢件射线照相底片的缺陷质量等级评定

（1）ASTM射线标准参考射线底片分类

如何对铸钢件射线照相底片的缺陷进行质量等级评定，ASTM 根据铸钢件的不同厚度范围以及同一厚度范围内采用的射线源或能量的不同，分别提供了不同的钢铸件的标准参考射线底片。这些底片是原版射线底片的复制品。用射线照相检测铸钢件时，它提供了一种用于确定缺陷种类和严重程度等级的工具，在执行合同时可使用。不过每套射线底片只能与相同射线产生的底片进行比较。ASTM射线标准参考射线底片具体分类如下：

1）厚度≤51 mm的铸钢件标准参考射线底片（E446），有三套：

中等电压（标称为250 kVp）的X射线；

1 MeV X射线和$^{192}Ir$；

2～4 MeV X射线和$^{60}Co$。

2）51 mm＜厚度≤114 mm的铸钢件标准参考射线底片（E186），有三套：

1 MeV X射线和$^{192}Ir$；

2 MeV X射线和$^{60}Co$；

4～30 MeV X射线。

3）114 mm＜厚度≤305 mm 的铸钢件标准参考射线底片(E280)，有两套：

2 MeV X射线和 $^{60}Co$(包括与 $^{60}Co$ 能量相当的同位素和 2～4 MeV X射线)；

4～30 MeV X射线。

(2) 铸钢件缺陷分级

每一套铸钢件标准参考射线底片分别按 A、B、C(E446 分 CA、CB、CC 和 CD 四个类型；E186 和 E280 分 1、2、3 三个类型)类缺陷的严重程度各分为五个等级，D、E、F 和 G 类缺陷为不允许存在的缺陷，没有分级，仅提供了一些典型示例。具体分级如下：

A 类　气孔，严重程度级别 1～5 级，为 A1～A5；

B 类　夹砂和夹渣，严重程度级别 1～5 级，为 B1～B5；

C 类　缩残缺陷，其严重程度级别为 1～5 级；

D 类　裂缝，一个示例；

E 类　热裂，一个示例；

F 类　嵌入物(内冷铁)，一个示例；

G 类斑点，仅 E446 一个示例，原因是当射线能量较高时，此类缺陷通过射线照相检测不能发现。

图 8-3 为 E446 中 1 MeV X射线和 $^{192}Ir$ 透照 A类、B类、C类、D类、E类和F类缺陷的一个示例。

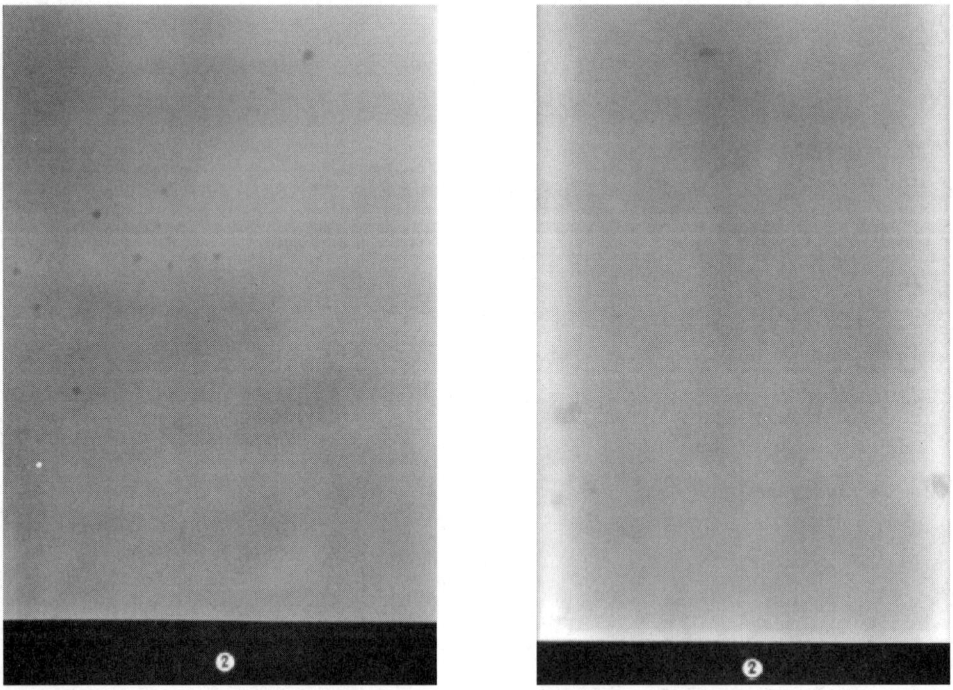


(1)　　(2)

图 8-3　铸钢件标准参考射线底片中缺陷示例图

(1) A类气孔 2 级；(2) B类夹沙和夹渣 2 级

(3) CA 类缩松 3 级

(4) CB 类缩松 3 级

(5) CC 类缩松 3 级

(6) CD 类缩松 3 级

图 8-3　铸钢件标准参考射线底片中缺陷示例图(续)

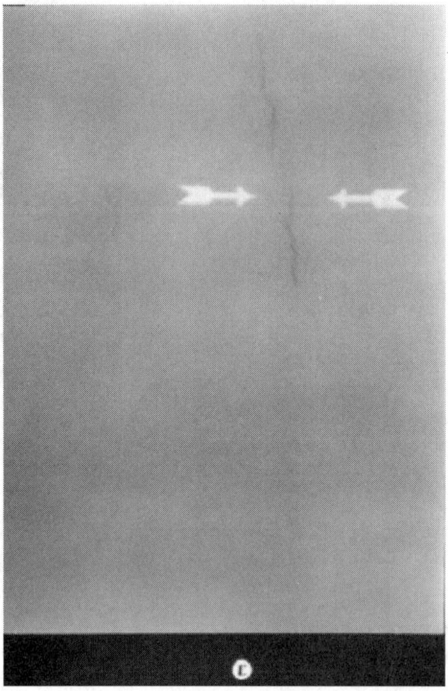

(7) D类裂纹

(8) E类热裂

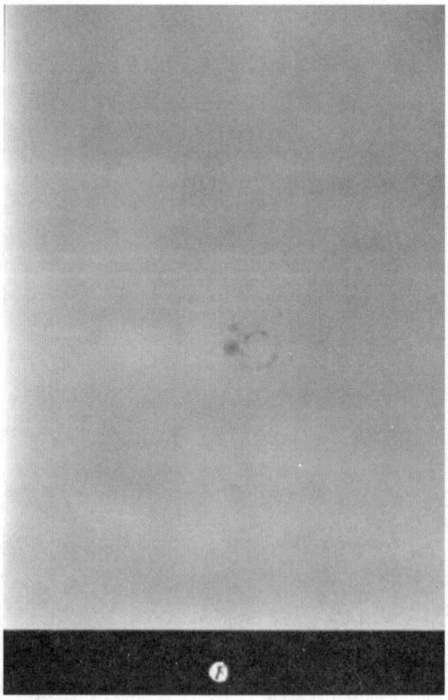

(9) F类内冷铁

图 8-3 铸钢件标准参考射线底片中缺陷示例图(续)

(3) 合格级别的规定

铸钢件的射线照相合格级别,应在正式合同的技术条件或图纸或订货单中对各种缺陷的合格级别加以规定。例如，在同一铸件中，可以对 C 类的缩残缺陷规定为 2 级，而对 A 类的气孔缺陷规定为 4 级，但 D、E、F 和 G 类缺陷为不允许缺陷。

(4) 评定方法

1) 需要评定的铸件射线照相底片，应与对应的厚度范围和射线源或能量范围的参考射线照片作比较。

2) 若被评定的铸件射线照相底片中的缺陷严重程度等于或优于指定的参考射线照片中的严重程度，则该铸件射线照相底片所代表的部分应可验收。若铸件射线照相底片显现的缺陷严重程度大于参考射线照片，则该铸件射线照相底片所代表的部分应拒收。

3) 铸件射线底片的评定应以与参考射线照片相同尺寸和面积作为单位区域，任何这样的区域或任何与相邻底片分摊一个缺陷的区域，都应满足验收条件规定的要求。当铸件射线底片需受检的区域小于单位区域时，这种需关注的区域应按参考射线照片的面积按比例分摊。

4) 当同一张铸件射线照片中存在两类或两类以上的缺陷时，若主要的缺陷已经超出验收标准，就应以此主要缺陷评定，无需考虑其他类型的缺陷。该铸件在返修合格前应拒收。

5) 如果存在两类或两类以上的缺陷，而其程度得出等于一类有关标准中所示的最大允许水平，则该铸件的这一部分在返修合格前应拒收。

6) 参考射线照片提供了表示多种缩孔的形式，表明有缩残缺陷的产品射线照片应按最有代表性的参考射线照片评判。

7) 表明有气泡、气孔和夹渣的铸件射线底片，应当考虑它们的大小、数量和分布等全面情况，然后做出评定。缺陷的累计尺寸应不超过参考射线照片缺陷面积的总和。参考射线照片中显示缺陷的最大尺寸并不作为铸件射线照相底片中的一个单一缺陷尺寸的极限；参考射线照片中所示缺陷的数量也不作为产品射线照片中缺陷数量的极限。

8) 此标准中的参考射线照片未例示拉长的或“条虫”型的气孔的缺陷。当铸件射线照相底片中出现这种情况时，应与最有代表性的参考射线照片相比较做出评定。

当射线源位于与气孔长度垂直的方向时，铸件射线照相底片以缩残缺陷的参考射线照片评定。

当射线源位于与气孔长度平行方向，或者“进入”气孔的直径时，铸件射线照相底片以气孔的参考射线照片评定。

9) 当材料的晶粒足够大，大到其尺寸与材料的厚度相比不容忽视时，在铸件或铸件的某部位的射线照相底片上会显现衍射斑点(衍射斑点常出现在薄截面的奥氏体铸钢件射线照相底片上)。如果怀疑是衍射斑点，可有几种方法验证其存在，在这种情况下，衍射斑点显示主要取决于晶粒的几何形状以及晶粒的位向与射线方向的相对关系。因此对一给定的工件，位向的任何变化都会对衍射斑点产生很大的影响。这种变化可以通过将工件相对于射线方向作轻微的 1°～5° 的倾斜或只将射线束的中心线从原始曝光位置上稍作变动来实现。气孔、缩残或其他的缺陷显示只有些微小的变动，而衍射斑点却会显现很大的变化。如需要消除这些斑点，可以提高 kV 值可以减少衍射量来实现，但应该注意不能将 kV 值提得过高以致灵敏度降得过低。如果证明射线照相底片上显现的确是衍射斑点，评片时不应将这种情况作有害缺陷考虑。

10）在铸件射线照相底片上显示的热裂和裂缝有时可能与线状残缩相似。当不能分清这种迹象属于裂缝、热裂或线状残缩时，应将此张底片的铸件区域的所有表面打磨，并用磁粉或渗透检测。打磨的程度和深度可根据工艺决定。如果迹象不在表面上显露，则应认为是残缩。

11）缺陷的射线照相黑度与本底黑度的对照，是一个取决于技术参数的变量，不应用与参考射线照片相比较而作为验收或拒收的准则。

## 第六节　大径厚壁管对接焊接接头的层间射线检测

### 一、概述

在核电建造过程中，有些大口径厚壁管道的对接焊接接头需要进行射线检测，如 VVP 和 ARE 系统，它是将蒸汽发生器产生的饱和蒸汽送往常规岛各系统，承受着高温高压，一般口径较大，壁厚都较厚。为便于安装阶段检测或在役检查，这类焊接接头旁边大部分都设计有专用的检测孔，以便使用中心曝光器对其进行中心曝光。另外，为及时发现根部缺陷，避免满焊后大深度返修，往往需要在根部焊接完成(大约 12～15 mm)时进行层间射线检测。

### 二、大径厚壁管对接焊接接头的层间射线检测技术

1. 检测区域

满焊时检测区域和其他对接焊接接头一致，检测区域包括熔敷金属及两侧热影响区。层间检测时，检测区域仅限于熔敷金属部分。铲修沟槽根部的射线检测仅限于铲修沟槽部分。

2. 透照技术

由于这类管道口径较大，中心曝光时都能满足几何不清晰度的要求，所以满焊射线检测和层间检测时多采用中心曝光的方法。

3. 专用曝光头的使用

专用曝光头的设计制作是中心曝光法的关键，将射线源从辅助检测孔引入管子透照的中心位置。

辅助检测孔的直径一般为 20 mm 左右，离透照焊缝中心线距离 $H$ 为 200 mm，如图 8-4 所示。

专用曝光头(图 8-5)一般用无缝不锈钢管制作，其内径尺寸 $R_1$ 比源辫 $R_2$ 直径大 4～6 mm，内壁光滑，以确保射线源在曝光头内运动自如，曝光头前端应用不锈钢板封堵。

制作时须注意以下几点：

(1) 曝光头的最小弯曲半径应大于源辫最小弯曲半径；

(2) 考虑到射线源所在曝光头内的位置离曝光头端部有一定的距离(大约为 2 mm 左右)，曝光头端部应略超过焊缝中心线位置；

(3) 曝光头后端与 γ 射线机输源管连接处应圆滑过渡，不应有机械台阶；

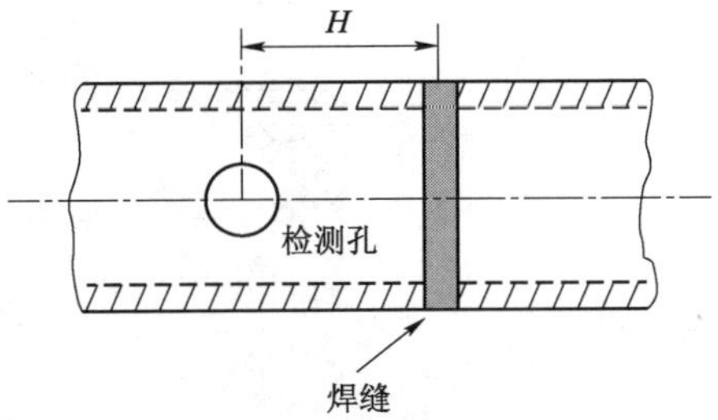


图 8-4　辅助检测孔示意图

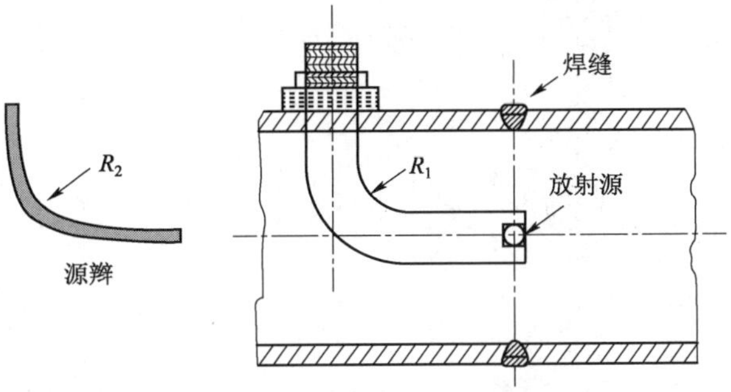


图 8-5　专用曝光头示意图

(4) 曝光头的曲率半径应保证能插入辅助检测孔，到达曝光位置。

4. 层间透照注意事项

(1) 射线源偏离焊缝中心点的距离

焊缝中间检测时，由于焊缝宽度较窄，且焊缝与母材厚度差很大，射线源必须准确地定位于被透焊缝轴线平面上，否则可能会使焊缝根部影像投影到胶片外或被上坡口遮挡。采用中心曝光法射线源在管子轴线方向偏离焊缝中心点的最大距离有一定限制。不能超过图 8-6 中的 $X$。

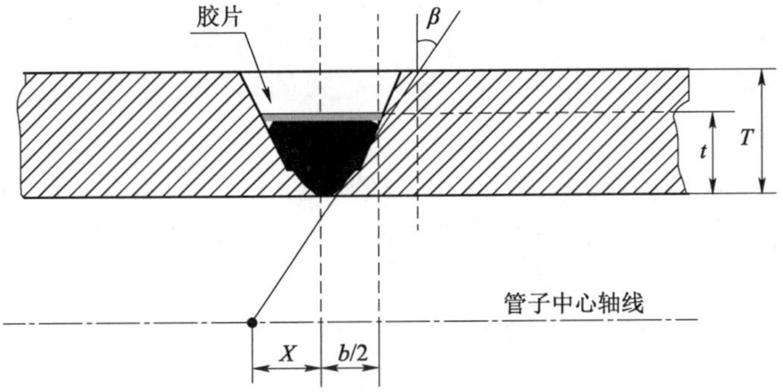


图 8-6　射线源偏离焊缝中心点的最大距离

由投影关系可知：管径越小，坡口角度越小，允许源的偏离距离越小。要保证焊缝全部投影，源在曝光头内必须彻底到位。

(2) 贴片

焊缝中间检测时，由于胶片要嵌入焊槽中，因此胶片的宽度要与焊缝宽度相匹配；胶片过宽，会导致胶片不能与焊缝表面紧密贴合；过窄，会导致坡口未融合等缺陷的漏检。不同的焊层厚度其焊缝宽度不同，实际检测时，应根据焊层厚度计算出或直接测量出焊缝宽度，从而确定实际使用的胶片宽度。

(3) 标记的放置

由于这类焊缝满焊时已磨平，为便于评片和缺陷定位，检测时应在焊缝两侧熔合线放置(V 铅字)，显示焊缝边缘。层间检测时，由于底片上所显示的投影全部为焊缝区，为正确显示底片的焊缝标记和定位标记，同时铅字的放置又不影响底片的评定，可以在每张胶片的一端的搭接处放置铅字标记，同时适当增加每张胶片的搭接长度(60～70 mm)，且放置铅字的搭接处应置于另一张无铅字号码胶片搭接处的后面(见图 8-7)以使铅字的投影始终在底片的一端。评片时,相邻两张胶片结合评定,可保证不漏评。

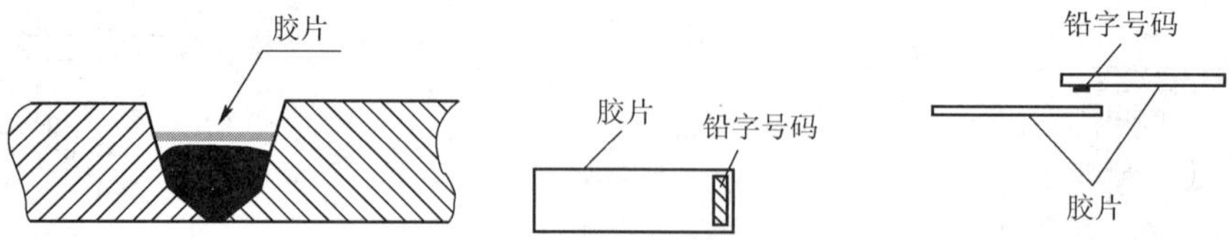


图 8-7 层间检测时标记的放置

(4) 像质计的放置

根据标准采用 ASTM 线型像质计,按焊缝实际厚度选择像质计的线径。当采用外照法检测根部焊缝时可把像质计放在胶片侧,也可把像质计剪成与焊缝同宽后放在源侧。需要注意的是,当像质计放在胶片侧时反映的并不是射线检测的实际灵敏度,需要做对比试验。

(5) 曝光参数的控制

层间检测时,由于现场施焊过程中厚度存在误差,甚至同一道焊口的不同部位厚度也不一致。对水平固定焊口而言,往往平焊部位厚度较小,而仰焊部位厚度较大,有时整圈焊缝的厚度差甚至达到 5～6 mm,造成底片仰焊部位黑度偏低。因此,实际透照时,不同部位厚度差较大时,应取实测厚度的平均值计算曝光时间。

(6) 散射线的防护

现场透照时,需要特别注意散射线的影响,必须使用滤光板(1 mm)和背防护铅板(一般 2～3 mm)。

特别是层间检测时,上坡口两侧就是较大的散射线源,如果背散射防护不当,放在胶片一侧的铅字很可能被散射线投影在另一张胶片上。因此,暗袋后面必须放置适当厚度的背防护铅板。

5. *层间透照时投影分析与底片评定*

(1) 底片上投影的分析

现场组装大厚度管道焊缝焊接大多采用单面焊双面成型,根部采用氩弧焊打底,其他层采用手工电弧焊填充。因此,这类焊缝根部都有一定透度,即根部焊趾线,其投影在底片上容易识别,可以作为层间检测时判断射线源定位是否正确的依据。

根据几何投影原理,当焊缝根部焊趾线完整地投影到底片焊缝的正中间时可以保证焊缝不漏检。同时,为避免焊缝坡口交界处的缺陷漏检,根据实际透照经验和焊接缺陷评定分析,建议焊缝根开线偏离底片上坡口中心线以不超过一个根开线宽度为宜,否则应重拍。

(2) 底片评定

焊缝层间检测焊缝缺陷评定时,原则上仍应以母材的公称厚度作为底片评定时的厚度,这点需特别注意。

焊缝中间检测时,其检测灵敏度不应低于满焊时检测灵敏度。

厚壁管道焊接时,焊前需预热,焊后热处理,焊接工艺比较复杂。如果在施焊时焊缝根部很容易产生未焊透,坡口未熔合,裂纹等缺陷,因此在中间照相底片评定时应特别注意上述缺陷,特别是上坡口交界处坡口未熔合的投影位置与上坡口极易重叠,需特别注意,以免漏检或漏评。

# 第七节　贯穿件焊缝的射线检测

## 一、概述

贯穿件主要是连接 R 区厂房和外部厂房，是安装在安全壳上，用于其他重要设备穿越安全壳的核电专用设备。在正常或各种事故下能保证核电正常运转、防止放射性物质外泄。它是核电安全稳定运行的重要保障之一。核电站的贯穿件焊缝具有结构复杂、种类多和质量要求高的特点。在透照时，需要避免封头对射线的阻挡，考虑内管对透照的影响，采取措施保证底片的黑度满足要求。因此，透照贯穿件前需仔细准备，制定详细的工艺措施，选择合理的检测方案，保证焊缝被 100%检测，底片质量合格。

## 二、贯穿件的分类

核电站贯穿件一般分为两种，一种贯穿件只有套筒，套筒内没有内管；另一种贯穿件在套筒内有内管。图 8-8 是一些常见贯穿件的剖面图。由于贯穿件焊缝的管径都比较大，有 10 英寸、12 英寸、14 英寸、20 英寸、32 英寸等多种规格，一般采用周向曝光的方法透照。

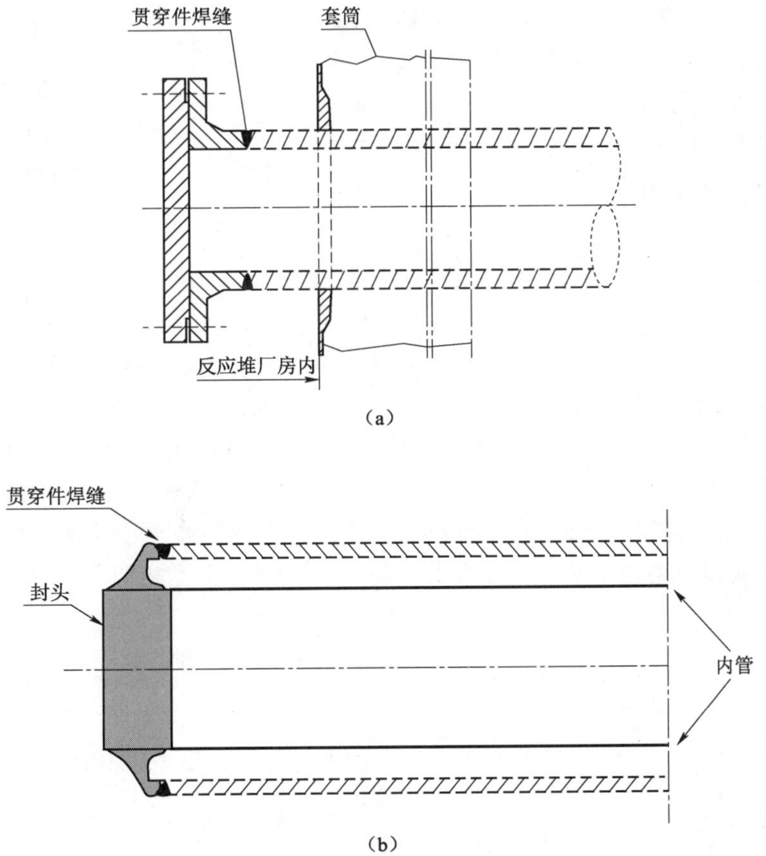


图 8-8　常见贯穿件的剖面图

(a) 无内管的贯穿件；(b) 有内管的贯穿件

## 三、贯穿件射线检测技术要求

1. 检测区域

对于 $T>30$ mm 的情况，熔敷金属和母材两侧各 10 mm 的范围需进行检测；对于 $T\leqslant 30$ mm 的情况，熔敷金属和母材两侧 5 mm 的范围需要进行检测（$T$为焊缝标称厚度）。

2. 检测技术

(1) 透照方式

一般采用γ射线源中心周向曝光的方法和双胶片多次透照的技术。

(2) 专用工具

透照贯穿件焊缝，需使用专用的曝光器，使射线源能够被推到贯穿件套管中心线上的曝光位置，且贯穿件内管不阻碍曝光器的使用。如图 8-9 所示。

透照贯穿件专用曝光器整体采用不锈钢材料制成。专用工具由中心曝光器、前导源管和后导源管组成。因贯穿件规格尺寸不同，透照时配备有 2 个中心曝光器、一根前导源管和两根后导管，见图 8-9 中心曝光支架上前导源管端部刻有射线源位置标记，大约离顶端 2～3 mm；中心曝光支架和源导管上刻有刻度，以便计算射线源位置。

这种专用曝光器操作简单，十分适合在现场使用，可以实现射线源的精确定位，为现场工作提供便利，极大地提高工作效率。

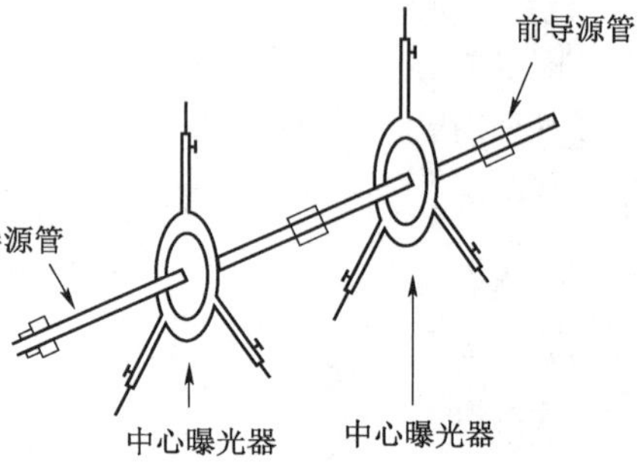


图 8-9 专用曝光器

3. 曝光参数选择

(1) 偏移角和偏移距离

传统的中心周向曝光方法，是将射线源应放置在焊缝轴线平面的中心。但在透照贯穿件焊缝时，如果将射线源放在焊缝平面上，由于封头阻挡，焊缝不能 100%进行检测，有时甚至完全被挡住。因此，需采用射线源偏移焊缝轴线平面一定距离进行周向曝光，使得焊缝 100%被检测，偏移角度以刚好避开封头的阻挡为最佳。如果偏移角过大，将会使焊缝在底片上的投影发生畸变，投影在胶片范围之外，使焊缝漏检。另外，增大偏移角还会增加透照厚度差，降低透照宽容度。如果偏移角过小，会使封头阻挡焊缝，造成漏检。

偏移角和偏移距离均可通过计算求得，如图 8-10 所示，根据相似三角形公式可得以下计算式：

$$\theta = \operatorname{arctg}\frac{a+b+t/2}{c} \tag{8-1}$$

$$l = \frac{2a+2b+t}{4c}\phi - a - \frac{t}{2} \tag{8-2}$$

式中，$\theta$——偏移角，°；

$l$——最小偏移距离，mm；

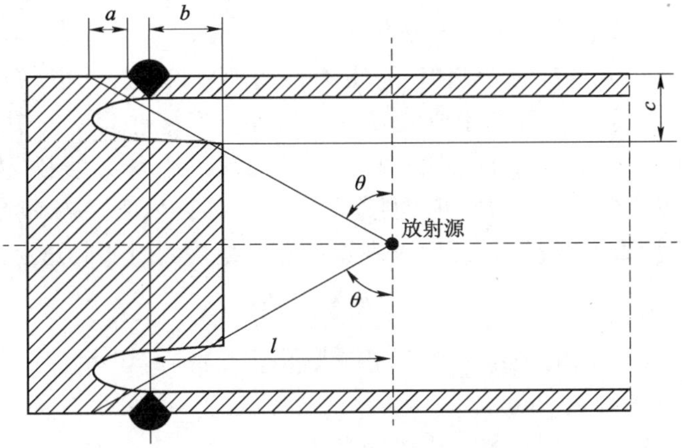


图 8-10　贯穿件焊缝透照厚度的计算

$a$——被检区母材宽度，mm；

$b$——封头端点与焊缝中心线的距离，mm；

$c$——封头端点与套管外表面的距离，mm；

$\phi$——贯穿件焊缝外径，mm；

$t$——贯穿件焊缝宽度，mm。

从式 8-2 可知：随着偏移角的增大，偏移距离也增大。

(2) 射线检测厚度的确定

由于贯穿件有内管，计算射线检测厚度时不仅要考虑偏移角度对透照厚度的影响，还要考虑内管遮挡造成的透照厚度的变化。

1) 当不考虑贯穿件内管遮挡时

由于射线源偏移会导致射线检测厚度的增加，如图 8-11 所示，其实际透照厚度为：

$$W = T/\cos\theta \tag{8-3}$$

式中，$W$——实际透照厚度，mm；

$T$——贯穿件焊缝厚度，mm；

$\theta$——射线束与贯穿件焊缝中心连线的夹角。

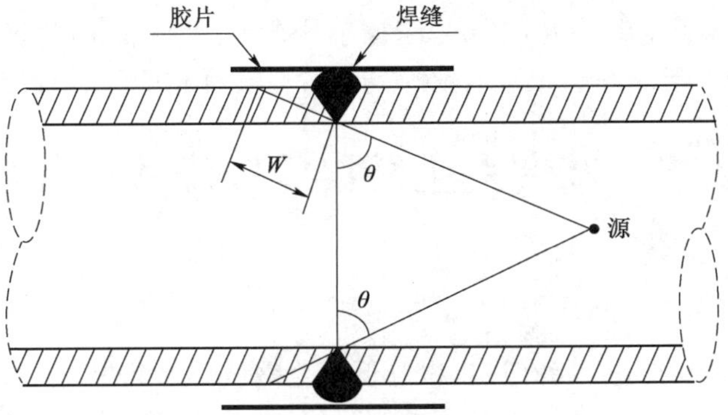


图 8-11　贯穿件焊缝透照厚度的计算

2）贯穿件内有内管的情况

贯穿件内的内管各式各样，规格和位置也不相同，但归纳起来，可以分为：贯穿件套管的中心线在内管之内、贯穿件套管的中心线在内管之外或贯穿件套管的中心线在一根内管之内，在其他内管之外等三种情况。此时需要考虑的射线透照厚度是射线穿过内管的厚度和穿过贯穿件焊缝的厚度之和。其中，贯穿件套管的中心线在内管之内时比较简单(如图 8-8b 所示)。进行射线检测时，射线源直接伸入内管焊缝射线检测时实际透照厚度为：

$$W = (T + T')/\cos\theta \tag{8-4}$$

式中，$W$——实际透照厚度，mm；

$T$——贯穿件焊缝厚度，mm；

$\theta$——射线束与贯穿件焊缝中心连线的夹角，°；

$T'$——内管壁厚，mm。

另两种情况比较复杂，由于内管遮挡，检测区域内透照厚度很大，需要根据实际情况采用多次透照的方法，保证检测区域黑度均达到标准的要求。

3）注意事项

① 透照贯穿件焊缝时，射线源传播方向避开封头的较厚侧部分，采用射线源偏移焊缝一定距离进行周向曝光；

② 贯穿件是由内管和筒体组合套管，各层厚度不同，应根据贯穿件的内部结构情况选择射线源摆放位置，原则是增大评定区宽容度；

③ 贯穿件由内外管组成，在相应的位置上各有一道焊缝，透照时务必避免两道焊缝在同一透照方向，造成焊缝影像的重叠；

④ 最小偏移角：$\theta = \text{arctg}\dfrac{a + b + t/2}{c}$，最小偏移距离：$l = \dfrac{2a + 2b + t}{4c}\phi - a - \dfrac{t}{2}$

⑤ 对多管贯穿件进行透照时，采用二次曝光，以保证管道遮挡部分的黑度达到要求；

⑥ 由于贯穿件透照时射线源偏移焊缝一定距离进行周向曝光，底片上焊缝的影像将发生畸变，在评片时应结合透照时的源和焊缝及胶片的位置关系对底片上的焊缝影像进行分析评定。另外，还要注意两次曝光的底片的合格评定区域要能够覆盖整条焊缝。

⑦ 对于双片评定，评定区内黑度必须大于 2.7，而且必须与观片灯的亮度相匹配，不得超过 4.5；如果双片的最低黑度在 2.7～3.5 之间，而双片对应于被检区的某些部分的黑度又大于 4.5，在满足上面黑度的要求时，可以采用单片评定，且两张底片都应进行评定。采用单片评片时，黑度必须大于或等于 2，而且必须与观片灯亮度相匹配，不得超过 4.5。

# 第八节 蒸汽发生器接管预堆边射线检测

## 一、概述

蒸汽发生器接管预堆边是指在进出水管低合金钢坡口处堆焊 6～12 mm 镍基堆焊层，因为是异种钢焊接结构，一旦焊接工艺过程控制不好，就可能产生焊接缺陷，影响焊缝质量，为了保证核电站的安全运行，蒸汽发生器接管预堆边必须经射线检测合格后再与安全端对接焊，因其结构的特殊性，采用常规射线照相方法存在边蚀效应，底片影像无法显示堆焊层焊缝的完整性，通常采用制作补偿块的方法减少边蚀效应。

现有工件，规格为$\phi$850 mm×78 mm，材质为SA-508Ⅲ+ERNiCr-3(镍基)，采用堆焊的方法焊接，要求按ASME标准对预堆边进行100%射线照相检测。

## 二、接管预堆边射线检测技术要求

接管预堆边射线检测技术要求如下：

(1) 检测时机

在产品设计所要求的最终热处理后进行(坡口机加工成型后)。

(2) 检测区域

检测接管预堆边的缺陷及预堆边和基体金属的结合情况。

(3) 射线检测设备

4 MeV 直线加速器、焦点：$\phi$2 mm。

(4) 胶片选择

选用细颗粒(如AGFA D3)型胶片，尺寸为360 mm×215 mm。

(5) 增感屏的选择

使用铅增感屏，前屏厚度：0.50～0.75 mm，后屏厚度：≥1.0 mm。

(6) 补偿块制作与使用

制作与被检工件同曲率、同厚度、材质与被检工件相同或相近的补偿块，将补偿块平放在预堆边上，与堆焊面保持紧密接触以减少边蚀效应。所制作的补偿块须大于一次透照长度。

(7) 像质计选用

根据工件厚度选用ASTM线型像质计C组(线号：13#)，置于射线源侧，放置时使其横跨补偿块及堆焊层焊缝。

(8) 透照方式接管预堆边单壁单影外透双胶片法，透照示意图如图8-12所示。

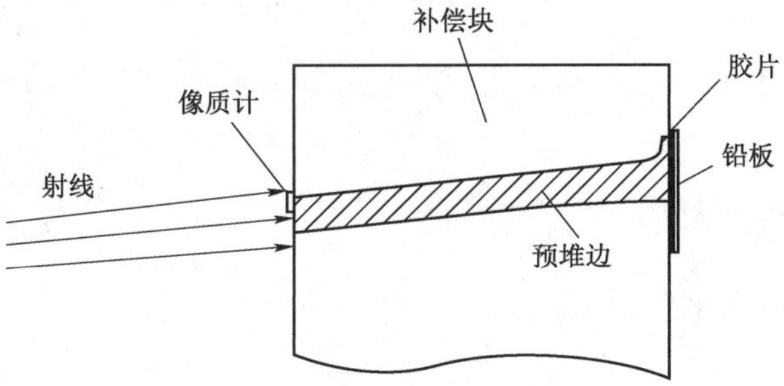


图8-12　预堆边射线透照示意图

(9) 底片黑度要求

有效评片区内的底片黑度要求范围：

单片观察时：1.8～4.0；

重叠观察时：2.7～4.0。(注：双片重叠观察时，单片的最低黑度值为1.3)

被检区域任何一点的黑度值，应保证在像质计黑度值的−15%和+30%之内。

(10) 接管预堆边射线照相检测主要注意事项

接管预堆边射线照相检测时，将工件(产品或见证件)置于可 360° 旋转的专用平车上，使堆焊面基本处于水平状态，透照时射线角度尽量与预堆边坡口面平行以有利于发现堆焊层未熔合型缺陷。

# 第九节 铸钢件弯头射线检测

## 一、概述

现有一铸钢件 28° 弯头，材料为 Z3CN20-09M，弯头厚度为 68～94 mm，规格：φ698 mm (内径)×(68～94)mm，如图 8-13 所示。要求按 RCC-M M3403、MC3000 标准对弯头本体进行 100%射线照相检测。

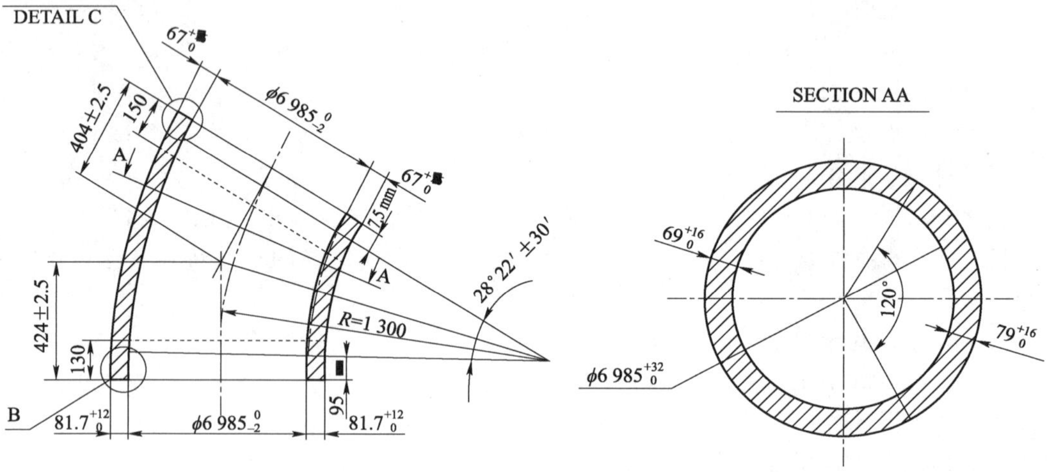


图 8-13 铸钢件弯头尺寸示意图

该弯头尺寸特点：在每一个横截面上，厚度从 69 mm 渐变至 94 mm，且弯头端部与本体之间存在厚度差。

## 二、铸钢件弯头射线检测工艺

铸钢件弯头射线检测工艺如下：

(1) 检测时机

固熔处理及机加工后。

(2) 检测区域

弯头本体进行 100%射线照相检测。

(3) 表面准备

使用适当的机械方法对可接近的外表面和内表面进行平整，消除有碍射线底片评定的不规整状态。

(4) 射线检测设备

$^{60}$Co γ 射线源;

$^{192}$Ir γ 射线源。

(5) 胶片选择

选择 C3 类(AGFA D4)胶片,采用双胶片技术。

(6) 增感屏的选择

使用铅增感屏,前屏厚度 0.2 mm,中屏 2×0.1 mm,后屏 0.2 mm。

(7) 滤光板的选择

铅制滤光板,厚度为 2 mm,应放在被检零件和暗袋之间。

(8) 底片黑度范围

2.7～4.5。

(9) 主要透照方法及区域布置

均采用内偏心单壁透照。

编号(0-1)、(8-0)区域按技术条件要求必须采用 $^{192}$Ir 进行透照,并使用铅制滤光板(注:编号中"0"为 A、B 两端端口)。其他区域采用 $^{60}$Co 进行透照,不要求使用滤光板。区域布置详见图 8-14。

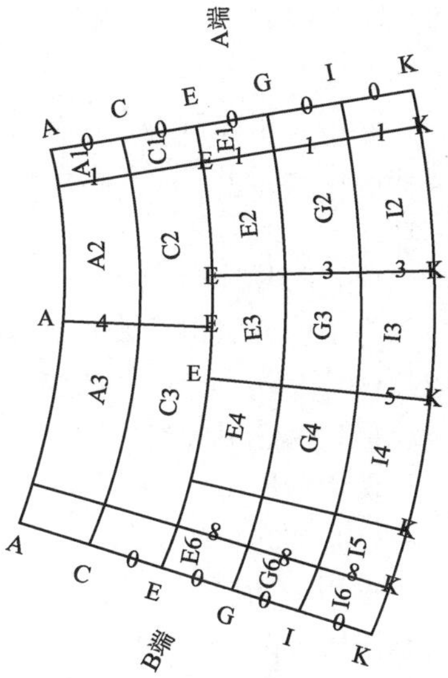

图 8-14　弯头射线透照布置图

(10) 弯头射线照相检测主要注意事项:

1) 由于透照部位较大,故暗袋、增感屏、底片规格均为 450×350 mm;

2) 搭接标记摆放时,数字标记放在弯头内表面,英文字母标记摆放在弯头外表面;

3) 由于弯头厚度差异较大,为保证底片透照质量满足标准要求,在底片有效评定区域内放置两个像质计,即分别放在厚度较薄和较厚的部位;

4) 由于弯头端部与本体过渡区域存在一定厚度差,按标准要求,该区域双胶片黑度大于 4.5 的部分按单片判定,单片黑度在 2.0～4.5 之间。

# 第十节　蒸汽发生器管板与"U"形传热管的角接焊缝射线检测

## 一、概述

蒸汽发生器的一次侧 U 形管是一回路的最后一道屏障,其材料为耐腐蚀性能强的 Inconel690 合金 Cr30Ni60,直径约为$\phi$19.05 mm×1 mm;管板是一、二次侧的压力边界,用低合金高强度钢锻造而成,厚度达 500～700 mm,目前采用的 SA508-Ⅲ(Mn-Mo-Ni)钢,且为了提高耐腐蚀性能,管板一次侧需堆焊约 8 mm 厚的镍基合金堆焊层。管板上钻出近万个通孔以装插 U 形传热管。

管板-管子角接焊缝主要采用的焊接方法为钨极氩弧焊自熔，主要焊接缺陷为气孔、夹钨。管板-管子角接焊缝射线照相的特点：管径小、焦距短、透照厚度差大、散射线严重，如不采取特殊措施，照相底片的影像质量极差。因此，需要从射线工艺上采用优化措施，提高射线检测灵敏度。

## 二、管板-管子角接焊缝射线检测工艺

管板-管子角接焊缝射线检测工艺如下：

(1) 检测区域

被检焊缝 100%熔化金属。

(2) 射线检测设备

由于透照厚度差大，从射线穿透力和照相宽容度方面考虑，选用 $^{192}Ir$ 放射源；由于焦距短，为了使几何不清晰度满足透照要求，采用特制的微小焦点放射源，源的尺寸为 $\phi$0.5 mm×0.5 mm；

采用专用源机和专用源导管的前端，使用补偿块，为使被检区域曝光均匀，减少边蚀散射线的影响，同时源导管的前端还应考虑与工件、暗盒、滤光板之间的固定，以及对焦的准确性。

(3) 胶片选择

为了保证照相灵敏度，胶片宜选用 C2 级以上的胶片，如选择 KODAK-M100 或同等级别胶片(RCC-M/MC3000 的要求选用 C2 或 C1 级胶片)。

(4) 增感屏的选择

使用铅增感屏，前屏厚度 0.03 mm、后屏厚度 2 mm。

(5) 滤光板的选用

选用适当厚度的不锈钢，其相应位置应进行刻槽，作为定位标记，便于底片评定区内确定缺陷的位置。

(6) 透照方式

从操作的方便性和对焦准确度方面考虑，采用"向后透照"的方式；见图 8-15。

(7) 焦距的确定

焦距应根据管子的内径来定，同时应尽可能地减小投影畸变。

(8) 像质计

不需要用像质计。

(9) 底片标识

应采用适当可行的方法，对每个角接焊缝进行编号，曝光之前，应将焊缝的编号，写在胶片盒上，冲洗时，在暗室里将相应的编号写在胶片上。

(10) 曝光时间

为了减少射线源在移动过程中造成的不清晰

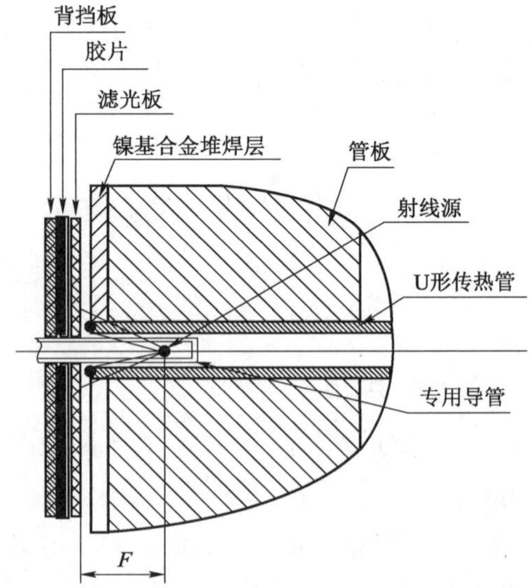

图 8-15 管板-管子角接焊缝射线透照示意图

度和散射线影响，曝光时间不少于 30 秒(可根据实际源强确定)。

(11) 底片黑度

单片观察，其黑度范围：2.7～4.5。

(12) 验收标准

对尺寸≥3 mm 的所有缺陷为不合格。

## 思考题

1. 根据 RCC-M 标准，管道焊接接头射线检测前有哪些表面准备工作？
2. 简述 RCC-M 标准对不同规格的管道焊接接头透照方式的规定？
3. 简述插套焊缝的检测范围？
4. 简述插套焊缝的透照方法？
5. 根据 RCC-M 标准，对滤光板的放置是如何规定的？
6. 铸钢件常见的内部缺陷有哪些？
7. 核安全设备铸钢件射线照相底片的如何评定？
8. 大径厚壁管对接焊接接头的层间射线检测时贴片有什么要求？
9. 大径厚壁管对接焊接接头的层间射线检测时底片评定应注意的事项？
10. 简述贯穿件焊缝的透照方法和注意事项？
11. 蒸汽发生器接管预堆边射线检测时，制作补偿块有什么要求？
12. 简述蒸汽发生器管板-管子角接焊缝射线照相特点。

# 第九章　其他射线检测方法和技术

除了以 X 射线和 γ 射线为检测手段,以胶片作为信息载体的常规射线照相方法外,还有许多其他种射线检测方法:例如,利用加速器产生的高能 X 射线进行检测的高能射线照相、应用数字化技术的图像增强器射线实时成像、计算机 X 射线照相(CR)、数字平板成像(DR)等。以下简要介绍其中的几种。

## 第一节　高能射线照相

能量在 1 MeV 以的 X 射线被称为高能射线。工业检测中使用的高能射线大多数是通过电子加速器获得的。工业射线照相通常使用的加速器有回旋加速器和直线加速器两种。

### 一、电子回旋加速器

电子回旋加速器采用了变压器所采用的磁感效应使电子加速。变压器中初级线圈与交流电源连接,使铁芯上的次级线圈产生的电压等于次级线圈的匝数与磁通量的时间变化速率的乘积,产生的电子流由存在于导线中的自由电子构成,电子回旋加速器本质上是一个变压器。其结构如图 9-1 所示。

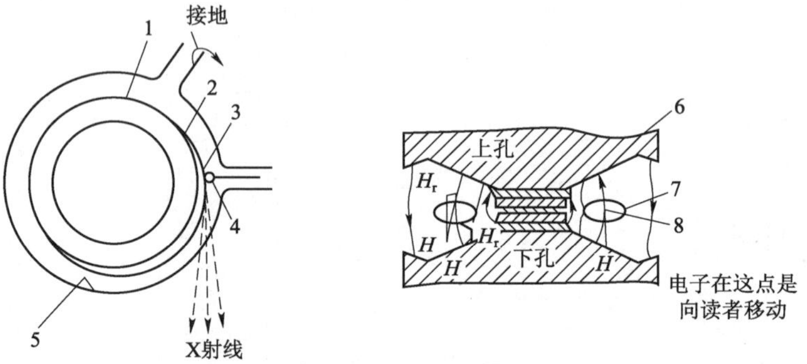


图 9-1　电子回旋加速器示意图

1—平衡轨道;2—盘形轨道;3—靶结构;4—发射器;5—内部深靶;6—钢片;7—环形室;8—电子轨道

电子回旋加速器焦点小,照相几何不清晰度小,可以获得高灵敏度的照片,但设备技术复杂,造价比较高,体积庞大,射线强度较低,影响了它的应用。

### 二、直线加速器

直线加速器的主体是由一系列空腔构成的加速管,空腔两端有孔可以使电子通过,从一个空腔进入到下一个空腔。直线加速器用射频(RF)电磁场加速电子至导向装置,并使电子正好在适当的时刻到达磁场中某一加速点被加速，从而增加了能量，被加速的电子从前一腔体出来后进入下一个空腔被继续加速，直到获得很高能量。目前用于检测的有两种直线加速器，一种采用行波，另一种采用加速驻波。

与电子回旋加速器相比，电子直线加速器焦点稍大，但其体积小，电子束流大，所产生的X射线强度大，更适用于工业射线照相。

### 三、高能射线照相的特点

高能射线照相有以下特点。

1. 穿透能力强，透照厚度大

目前 X 射线机对钢的穿透厚度通常小于 100 mm，而高能射线对钢透照厚度可达400 mm 以上。使得大厚度工件射线检测成为可能。

2. 焦点小，焦距大，照相清晰度高

虽然高能X射线装置比一般X射线探伤机要大得多，但散热问题比较好解决，所以焦点可以做得很小。如电子回旋加速器只有 0.3～0.5 mm，直线加速器焦点一般也小于 1 mm。小焦点和大焦距有利于提高照相清晰度。

3. 散射线少，照相灵敏度高

大家知道，在高能范围随着射线能量的增加，散射比 $n$ 也随之下降，因而高能射线照相散射比小，灵敏度高。

4. 射线强度大，曝光时间短，可以连续运行，工作效率高

直线加速器距离靶 1 m 处的剂量为 4～100 Gy/min，大大高于应用于工业检测的各种 $\gamma$ 射线源剂量率。普通工业X光机工作与间歇时间之比一般是1∶1，而加速器可以连续运行不需间歇，因此工作效率高。采用直线加速器透照 100 mm 厚的钢工件曝光时间约为 1 分钟左右，这是其他设备所无法比拟的。

5. 照相厚度宽容度大

高能射线照相具有很大的厚度宽容度，对厚度差异大的试件，如曲轴、涡轮叶片等进行检测，可不需要采用补偿块或其他特殊的工艺措施。

## 第二节　射线实时成像检测技术

所谓射线实时成像检测技术，是指在曝光的同时就可观察到所产生的图像的检测技术。这就要求图像能随着成像物体的变化迅速改变，一般要求图像的采集速度至少达到25桢/秒(PAL 制)。能达到这一要求的装置有较早使用的 X 射线荧光检测系统，以及目前正在应用的图像增强器工业射线实时成像检测系统。

早期的射线实时成像检测系统是 X 射线荧光检测系统，它采用荧光屏将 X 射线照相的强度分布转换为可见光图像，20 世纪 50 年代引入了电视系统，通过电视摄像，在监视器上观察图像。荧光屏图像由于图像亮度低、颗粒粗、对比度低，细节显示不清，灵敏度远低于胶片图像。20 世纪 70 年代后，科技的发展使得射线实时成像检测质量得到了很大改进，主要包括：采用图像增强器代替简单的荧光屏，实现图像亮度和对比度增强；采用微焦点或小焦点

射线源，以投影放大方式进行射线照相；引入数字图像处理技术，改进图像质量。目前，射线实时成像检测灵敏度已基本上能满足工业检测要求，在中等厚度范围其灵敏度已接近胶片射线照相的水平。目前，射线实时成像检测技术已得到越来越广泛的应用。

射线实时成像是一种在射线透照的同时即可观察到所产生的图像的检测方法，这种方法的最重要过程就是利用荧光屏将射线与光进行转换。射线源透过工件后，在荧光屏检测器上成像，通过电视摄像机摄像后，将图像以直接显示或通过计算机处理后显示在电视监视屏上来评定工件内部质量。

快速、高效、动态、多方位在线检测是应用射线实时成像的最大优点。实时成像用于对装配线上的工件进行快速检测，改变工件位置的遥控装置使检测者可以随意观察工件的细节或随意移动工件进行检测，这样，验收与否可以立即决定，无需拖延时间或处理胶片，运行成本低。检测结果可转化为数字化图像用光盘等存储器存放、调用。但射线实时成像的图像质量，尤其空间分辨率和清晰度低于胶片射线照相；其图像增强器体积较大，检测系统应用的灵活性和适用性不如普通射线照相装置；另外，射线实时成像系统设备一次投资较大。

## 第三节　计算机射线照相技术(CR)

计算机射线照相(CR-Computed Radiography)，是指将 X 射线透过工件后的信息记录在成像板(image plate，IP)上，用 IP 板代替传统胶片进行感光并存储，再把存储于 IP 板上的感光信号用激光扫描方法转换成电信号并进行数字图像处理的一种技术。整个系统由成像板、激光扫描读出器、数字图像处理和储存系统组成。

计算机射线照相的工作过程如下：

用普通 X 射线机对装于暗盒内的成像板曝光，射线穿透工件到达成像板，成像板上的荧光发射物质具有保留潜在图像信息的能力，即形成潜影。用激光扫描仪逐点逐行扫描，将存储在成像板上的射线影像转换为可见光信号，通过具有光电倍增和模数转换功能的读出器将其转换成数字信号存入计算机中。

数字信号被计算机重建为可视影像在显示器上显示，根据需要对图像进行数字处理。在完成对影像的读取后，可对成像板上的残留信号进行消影处理，为下次使用作好准备，成像板的寿命可达数千次。

CR 技术的优点和局限性：

(1) 原有的 X 射线设备不需更换或改造，可直接使用。

(2) 宽容度大，曝光条件易选择。对曝光不足或过度的胶片可通过影像处理进行补救。

(3) CR 技术产生的数字图像存储、传输、提取、观察方便。

(4) 成像板可分割和弯曲，有不同规格，可重复使用数千次，其寿命决定于机械磨损程度。

(5) CR 成像的空间分辨率稍低于胶片水平。

(6) CR 成像板对使用条件有一定要求，不能在潮湿的环境中和极端的温度下使用，还需注意防止灰尘影响。

## 第四节　数字平板直接成像技术(DR)

数字平板直接成像(Director Digital Panel Radiography)是新的数字化成像技术。数字平板技术与胶片或 CR 的处理过程不同,在两次透照期间,不必更换胶片和存储 IP 板,仅需要几秒钟的数据采集,就可以观察到图像,检测速度和效率大大高于胶片和 CR 技术。除了不能进行分割和弯曲外,数字平板与胶片和 CR 具有几乎相同的适用性和应用范围。数字平板成像质量较好,其图像质量已接近或达到胶片照相水平。数字平板技术有非晶硅、非晶硒和 CMOS 三种。

## 思考题

1. 简述高能射线照相的特点?
2. 简述射线实时成像有什么优缺点?
3. 简述 CR 技术和 DR 技术的区别?

# 第十章　射线检测期间的辐射防护

有关辐射防护的基础知识和辐射工作场所的管理要求等详细介绍参见“基础知识”部分第三章“安全文明生产与环境保护”第五节“辐射防护”。本章只介绍针对射线检测人员的辐射防护要求。

一般情况下，射线检测期间最大的风险，来自于射线源对射线检测人员或社会公众人员的误照射。因此，做好射线检测期间的辐射防护工作非常重要。具体要求如下：

(1) 射线检测人员上岗前应接受“辐射安全与防护”培训，并经考试合格，持证上岗。

(2) 射线检测人员应具备良好的职业道德和高度的责任心，认真履行岗位职责，遵守辐射防护和安全保卫制度、严格按操作规程操作检测设备。

(3) 射线检测人员在射线检测作业期间应随身佩戴个人剂量监测仪(热释光剂量计)和有音响报警功能的剂量监测仪表，以便及时发现工作环境的剂量异常情况，及时撤离。

(4) 在使用 γ 检测设备作业时，每次检测作业结束后必须对检测设备进行辐射水平测量，确定测量结果在正常范围值内，确保射线源已回收到源容器内。

(5) 当使用 γ 检测设备作业时，由于误操作或设备损坏等原因发生故障时，需立即采取措施，疏散人员，隔离保护现场，及时向单位领导和有关部门汇报，控制事态发展。故障处理时，需由有资质、有经验的操作人员进行故障排除；排障过程应按指定的应急预案进行，并有辐射防护人员全程监控，以防超剂量事故发生。三种辐射防护的基本手段：屏蔽、距离、时间，尽量采用屏蔽及距离方法。

## 思考题

1. 射线检测人员的辐射防护要求有哪些？

# 第二部分　射线检测操作技能

**学习目标**：初级工：熟悉 X 射线机、γ 射线机的操作；能够操作 X 射线机进行平板对接焊缝的射线检测；能够操作 γ 射线机进行管对接焊缝射线检测操作。熟悉底片暗室处理流程。

中级工：掌握 X 射线机、γ 射线机的操作；掌握使用 X 射线机进行平板对接焊缝的射线检测的方法；掌握使用 γ 射线机进行管对接焊缝射线检测的方法；掌握底片暗室处理方法。填写记录表格。

高级工、技师、高级技师：熟练掌握 X 射线机、γ 射线机的操作；熟练掌握使用 X 射线机或 γ 射线机进行平板对接焊缝、管对接焊缝和小径管对接焊缝射线检测的方法；掌握底片暗室处理方法；熟练掌握底片评定和质量分级方法；能编写射线检测报告。

# 第十一章　平板对接焊缝射线检测操作

为培养射线检测人员实际操作能力，通过对一些典型试件的射线检测操作，加深学员对射线检测原理的认识和实际应用能力。

## 第一节　X 射线机的操作

各种型号的 X 射线机控制部分的电路原理有很大差别，它们的操作程序应按设备说明书的要求进行。通常可按下述程序进行操作。

(1) 通电前准备

检查使用电源电压是否为 220 V。将电源线，电缆线分别和控制箱、机头等可靠连接，接触良好。控制箱可靠接地。

(2) 通电后检查

接通电源后、控制箱面板上的电源指示灯亮，冷却系统开始工作。

(3) 曝光准备

射线机“kV”“时间”预置到规定位置。

(4) 曝光

按下“高压”通开关，红灯亮，表示高压已接通。射线机机自动调节“kV”到预定值。

(5) 曝光结束

当蜂鸣器响,"kV"自动回零,红灯灭,高压切断,时间复位。

(6) 曝光过程中,如发现异常,可按下"高压断"开关,切断高压,分析原因后,方可考虑是否继续进行曝光。

## 第二节 平板对接焊缝射线检测操作

平板对接焊缝射线检测操作是最基本的操作内容之一,试件的结构简单,厚度均匀。主要要求 X 射线机的操作、曝光曲线的运用、拍片过程的操作和暗室处理等。

以下操作按 NB/T 47013.2—2015 进行。

### 一、检测前准备

1. 试件准备

对需拍片的试件的规格进行尺寸测量,包括长度、厚度。并根据测量的尺寸计算焦距。

采用 AB 级射线检测技术时的焦距计算:

$$f \geqslant 10d \cdot b^{2/3} \tag{11-1}$$

式中,$d$——有效焦点尺寸,mm;

$b$——试件厚度加余高厚度,mm。

透照厚度比要求为 $K \leqslant 1.03$。根据要求,一次透照长度需满足透照厚度比的要求。

2. 仪器设备和器材准备

X 射线机一台(200 kV 以上)、胶片系统(暗袋、增感屏、胶片)、铅板、铅字、像质计(等径)等。胶片系统和像质计的选用按标准执行。

3. 标记系统要求

底片应提供下述标记,透照实施前应将所用铅标记、像质计准备好。

(1) 学员代号(学号);

(2) 像质计;

(3) 一套标计符号(试件号、厚度);

(4) 照相日期。

不允许有其他信息符号在底片上出现。

### 二、检测操作

1. 背散射屏蔽

应采用背后铅板限制背散射线的影响。

2. 边缘散射屏蔽

采用铅板对平板对接焊缝两端的边缘散射线进行限制,应采取适当措施,屏蔽无用射线和散射线,限制照射场范围。

3. 射线能量的选择

按使用射线检测设备的曝光曲线进行选择适当的射线能量；X 射线照相应尽量选用较低的能量，允许采取的最高 X 射线管电压应符合标准的要求。

4. 曝光量的选择

X 射线照像选择管电压时应保证适当的曝光量，当焦距为 700 mm 时推荐的曝光量为：A 级和 AB 级不小于 15 mA · min；B 级不小于 20 mA · min。当焦距改变时，可按曝光曲线的推荐值、平方反比定律对曝光量的进行换算。

5. 透照布置

平板照布置如图 11-1 所示。

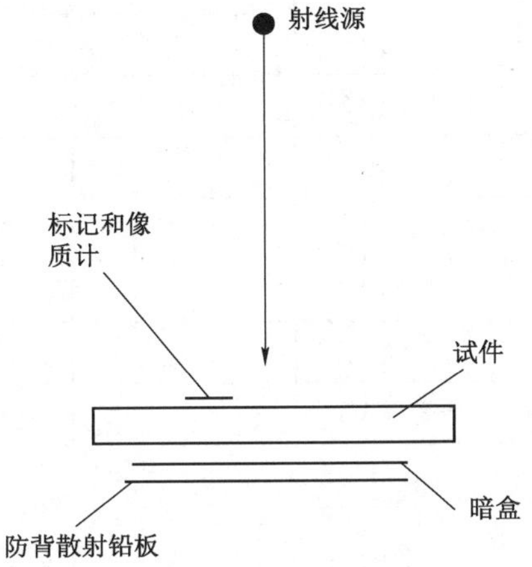


图 11-1　平板透照布置示意图

## 三、暗室处理

手工处理推荐条件：

(1) 显影温度：18～22 ℃，显影时间：5～8 min；

(2) 定影温度：16～24 ℃以上，定影时间：10～15 min 以上；

(3) 冲洗温度：常温，冲洗时间：20～30 min 以上。

处理过程中胶片应适当的抖动。

采用干片机干燥时，按操作说明书操作，操作要正确。

## 四、检测结果评定与记录

1. 检测条件记录

(1) 试件：名称、编号、规格、材质、透照部位以及草图；

(2) 透照参数：射线检测设备、器材、透照方式、射线能量、曝光量、焦距等；

(3) 试件射线检测质量、验收标准和照像质量等级以及底片质量要求等。

2. 底片评定记录

要求对所摄底片进行评定和记录。

（1）有效评定范围是否覆盖、底片黑度、可观察像质计的线径（指数）、标记位置、有效评定范围内有无影响评定的各类伪缺陷。

（2）对缺陷进行定性、定位、定量，并进行记录。

（3）对以上内容进行记录。表11-1为X射线机操作记录表格式。表中，初级工、中级工不要求评定底片的级别。

**表11-1　射线检测操作（X射线）记录表格式**

| | | | | | |
|---|---|---|---|---|---|
| 试件名称/编号 | | 规格 | | 材料 | |
| 检测标准 | | 验收标准 | | | |
| 射线机型号/编号 | | 焦点尺寸 | | 透照方式 | |
| 胶片型号 | | 胶片尺寸 | | 增感方式 | |
| 像质计型号 | | 像质计丝径 | | 焦距 | |
| 管电压 | | 管电流 | | 曝光时间 | |
| 一次透照有效长度 | | 胶片处理方式 | | 黑度范围 | |
| 显影液型号 | | 显影温度 | | 显影时间 | |
| 停显时间 | | 定影液型号 | | 定影时间 | |
| 冲洗时间 | | 干燥方式 | | 干燥温度 | |

检测示意图和说明：

底片质量评定：

缺陷评定：

| | | | |
|---|---|---|---|
| 检测结论（高级工、技师、高级技师填写） | | 日期 | |

# 第十二章 管对接焊缝γ射线检测操作

一般情况下,管材对接焊缝在无法实施X射线检测的情况下,采用γ射线检测。由于大多数γ射线的线质较硬,在实施检测的过程中,如果操作不当,像质较低,达不到检测质量要求,还可能造成辐射事故。所以,在核安全设备无损检测人员技能考核中,将管材对接焊缝的γ射线拍片操作作为必考项目。在实际工作中,当射源无法进入管内进行中心曝光时,针对工件的直径和壁厚,一般可采用双壁(倾斜、垂直透照)单影或双壁双影法透照。按照被检焊缝在底片上的影像特征,γ射线检测常采用双壁单影成像法、垂直重叠成像法。采用双壁单影成像法时,其特点是射线束穿透双层壁厚,把胶片侧的焊缝投影到胶片上,形成单壁影像。用双壁单影成像法时,其特点是射线束穿透双层壁厚,把射源侧的焊缝和胶片侧的焊缝投影到胶片上垂直重叠成像法。在保证透照最小焦距的前提下,射源尽可能与被检焊缝对面管壁外侧靠近。

以下操作主要介绍$\phi>100$ mm管子对接焊缝采用γ射线进行双壁单影透照,执行NB/T 47013.2—2015标准。

## 第一节 γ射线探伤机的操作

γ射线探伤机虽然操作比较简单,但操作失误所引起的后果严重,故必须十分小心地进行操作。γ射线探伤机的操作者必须经过培训,取得《放射工作人员证》才能上岗操作。

### 一、操作前的准备工作

操作必须由专职射线检测人员进行。γ射线检测工作前应检查设备有无明显损伤;驱动机构操作是否灵活,有无卡死现象;输源管有无明显砸扁或损坏现象;辐射场剂量监测仪和个人剂量计等是否能正常工作。在确认无误后方能进行操作。γ射线探伤机的操作应采用双人工作制。一人操作,一人确认,做到万无一失。

### 二、主机安放

主机(探伤机)应放置在距离曝光点不远的适当位置。安放地点应便于输源管铺设且便于操作,安放要保证平稳。

### 三、组装和铺设输源管

根据实际情况,确定输源管数量(在满足拍片前提下,采用尽量少的输源管),原则上输源管不得多于3根,组装输源管。应保证送源操作顺利,同时尽可能考虑有利于人员屏蔽。如果场地宽敞,应使输源管尽量伸直。当输源管不得不弯曲时,弯曲半径应不小于500 mm,

较小的弯曲半径可能妨碍控制缆的运动甚至造成卡源事故。

## 四、固定照相头

定位输源管的端头并固定(用准直器时则将准直器固定)并使输源管的端头部位与照相焦点重合。

## 五、放置驱动盘、铺设控制缆

为最大限度减少辐射伤害,驱动盘应放置在屏蔽体后面,放射人员应在屏蔽体的后面操作。

## 六、接输源管

把输源管连接到主机出口接头上。见图 12-1。

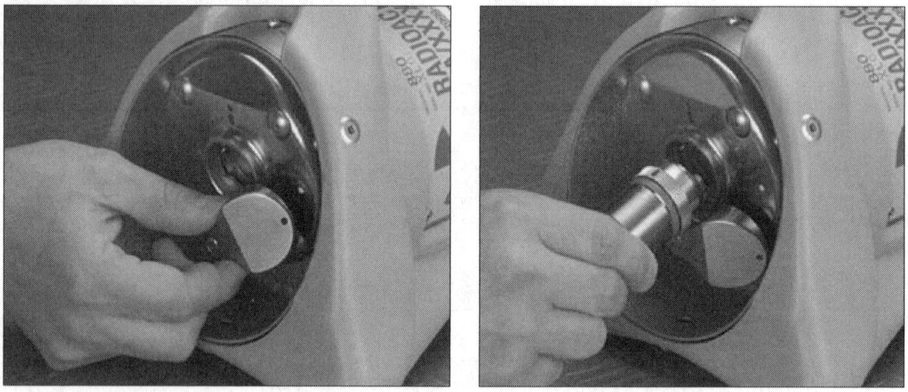

图 12-1 把输源管连接到主机

## 七、接控制缆

把控制缆接头接到主机上,见图 12-2。

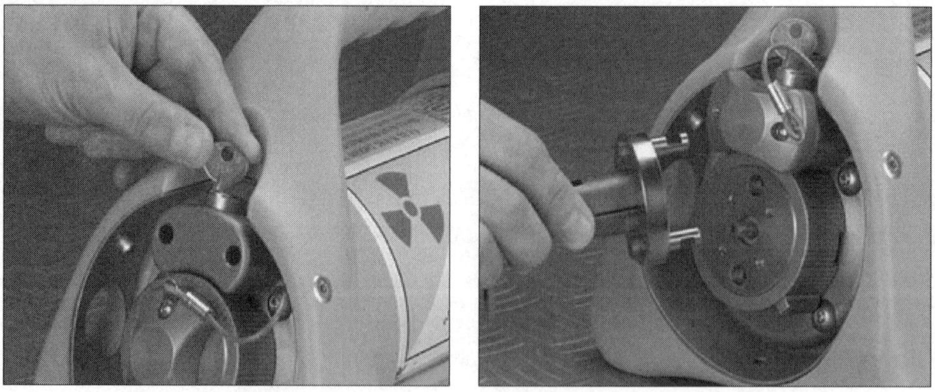

图 12-2 把控制缆接头接到主机上

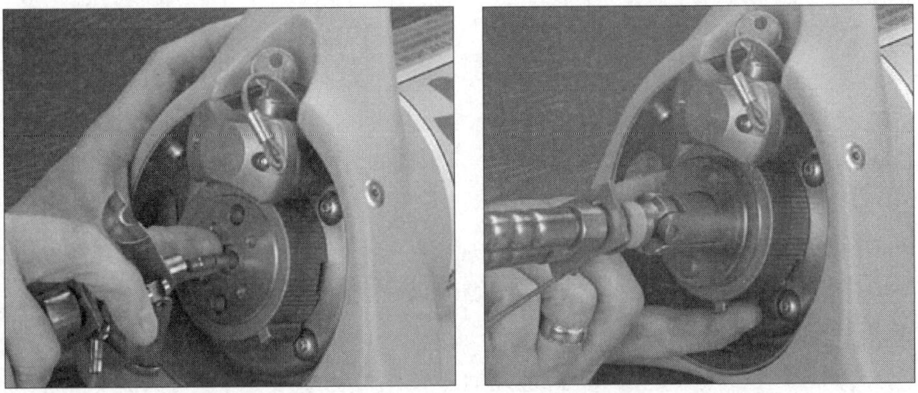

图 12-2　把控制缆接头接到主机上(续)

## 八、计算曝光时间

根据检测条件用计算尺或曝光曲线计算出最佳黑度所需的曝光时间。

## 九、送出射线源

推出安全锁(见图 12-3),摇动驱动机构手柄,将源送到曝光位置,即摇到手感的死点位置。此时行程记录数字应与输源管长度相对应。

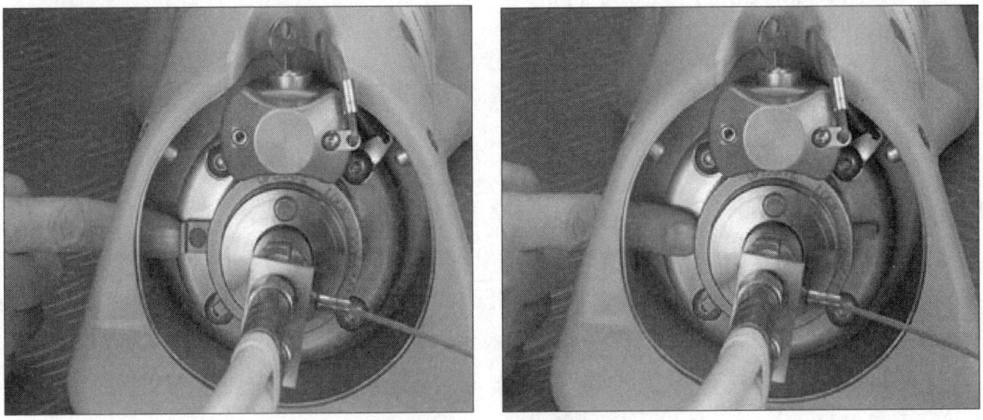

图 12-3　推出安全锁

## 十、收回射线源

当达到要求的曝光时间后,转动手柄,使源回到储存位置,用剂量率仪确认源已经回到主机内。

## 十一、锁紧选择环

将选择环由“工作”位置转到“锁”位置。注意:如果选择环不能转到“锁”位置,说明源未完全收到位,应查明原因之后,在进行源机的操作。

# 第二节 管对接焊缝 γ 射线检测操作

## 一、检测前准备

1. 试件准备

对需拍片的试件的规格进行尺寸测量，包括直径、厚度。

2. 焦距计算

对于双壁单影法透照来说，只要满足几何不清晰度限值要求，则可将射线源置于管道外壁透照。此时，焦距即为管道外径加上适当的源与管壁间距。

3. 仪器设备和器材准备

$^{192}Ir$ γ 射线探伤机一台、个人辐射计量仪、计时器、胶片系统(暗袋、增感屏、胶片)、滤光板(0.5 mm)、铅板(遮挡板)、铅字、像质计等。胶片系统和像质计的选用按标准执行。

4. 标记系统要求

底片应提供下述标记，透照实施前应将所用铅标记、像质计准备好。

(1) 学员代号(学号)；

(2) 像质计；

(3) 一套标记符号(试件号、厚度)；

(4) 照相日期。

不允许有其他信息符号在底片上出现。

## 二、检测操作

1. 划线布片

(1) 划线

根据透照焦距和管子相关尺寸，计算一次透照有效长度，在管焊缝上画出透照区域，在透照区域距焊缝边缘 10 mm 处将标记系统；将 IQI 紧挨被检焊缝用胶带布置牢固不要脱落(IQI 的丝垂直于焊缝，IQI 在透照区域四分之一处细丝朝外)，并按要求布置“F”铅字标示。

(2) 布片

滤光板放置在暗袋和被检焊缝之间缝侧，暗袋另一侧则放置铅板，将其组合布置在焊缝透照区域。

2. 背散射屏蔽

应采用背后铅板限制背散射线的影响。

3. 曝光条件的选择

根据管子壁厚、焊缝余高、滤光板厚度、焦距等按照曝光曲线给出的相关条件，选择曝光量(Ci · min)。选择曝光量时可按平方反比定律对曝光量值进行换算。

4. 射线源布置

用适当的辅助工具将射线源固定在对应的位置。

5. 透照布置

本实验要求采用双壁单影透照的布置，如图 12-4 所示。

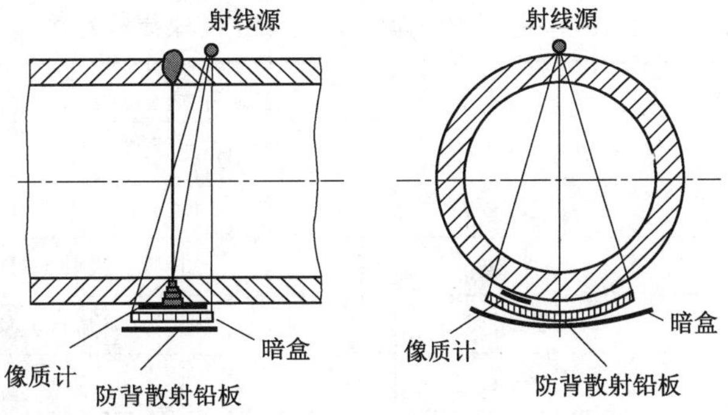


图 12-4　双壁单影透照布置（双壁单影像法）

## 三、暗室处理

手工处理推荐条件：

(1) 显影温度：18～22 ℃，显影时间：5～8 min；

(2) 定影温度：16～24 ℃以上，定影时间：10～15 min 以上；

(3) 冲洗温度：常温，冲洗时间：20～30 min 以上。

处理过程中胶片应适当的抖动。

采用干片机干燥时，按操作说明书操作，操作要正确。

## 四、辐射安全防护

在进行透照的过程中，要注意辐射安全防护。

个人剂量仪要始终随身携带，曝光前检查导源管摆放是否符合要求；操作探伤机要正确，检查光闸是否打开，在关闭曝光室防护门后待信号灯显示正常时，才可打开手柄输源。输源过程柔和不可强行输送。在输源开始时计时开始，曝光时间结束时，随即收源，收源结束后，观察曝光室防护门附近的信号灯是否正常，方可决定是否打开防护门，进入曝光室时注意观察个人剂量仪的显示变化。

## 五、检测结果评定与记录

1. 检测条件记录

(1) 试件：名称、编号、规格、材质、透照部位以及草图；

(2) 透照参数：射线检测设备、器材、透照方式、射源种类和活度、曝光量、焦距等；

(3) 试件射线检测质量、验收标准和照相质量等级以及底片质量要求等。

2. 底片评定记录

要求对所摄底片进行评定和记录：有效评定范围是否覆盖、底片黑度、可观察像质计的线径（指数）、标记位置、有效评定范围内有无影响评定的各类伪缺陷。

对缺陷进行定性、定位、定量。

对以上内容进行记录。表12-1为X射线机操作记录表格式。表中，初级工、中级工不要求评定底片的级别。

**表12-1 射线检测操作（γ射线）记录表格式**

| | | | | | |
|---|---|---|---|---|---|
| 试件名称/编号 | | 规格 | | 材料 | |
| 检测标准 | | 验收标准 | | | |
| 设备型号/编号 | | 射线源种类 | | 射源活度 | |
| 焦点尺寸 | | 透照方式 | | 胶片型号 | |
| 胶片尺寸 | | 像质计型号 | | 像质计丝径 | |
| 增感方式 | | 滤光板 | | 焦　距 | |
| 曝光时间 | | 一次透照有效长度 | | 黑度范围 | |
| 显影液型号 | | 显影温度 | | 显影时间 | |
| 停显时间 | | 定影液型号 | | 定影时间 | |
| 冲洗时间 | | 干燥方式 | | 干燥温度 | |

检测示意图和说明：

底片质量评定：

缺陷评定：

| | | | |
|---|---|---|---|
| 检测结论（高级工、技师、高级技师填写） | | 日期 | |

注：对于小径管焊接接头透照时，表中的一次透照有效长度可不填。

# 第十三章　小径管对接焊缝射线检测操作

外径 $D_0 \leqslant 100$ mm，壁厚≤8 mm 的管子称小径薄壁管，其对接焊缝一般采用双壁双影法透照，按照被检焊缝在底片上的影像特征，可分为椭圆成像法和垂直重叠成像法。通常采用椭圆成像法，其特点是射线束穿透双层壁厚，把射线源侧和胶片侧的焊缝都投影到胶片上，形成椭圆形的投影图像。为了在胶片上拍摄椭圆的投影图像，X 射线中心束必须倾斜入射焊缝的中心线平面，其夹角过小不能形成椭圆投影图像，对缺陷无法定位，焊缝的检出率减小。夹角过大会大大降低缺陷的检出率。

以下操作按 NB/T 47013.2—2015 标准进行。

## 一、检测前准备

1. 试件准备

对需拍片的试件的规格进行尺寸测量，包括直径、厚度。并根据测量的尺寸和焦距计算平移距离。

（1）焦距计算：

采用 AB 级射线检测技术时的焦距计算：

$$f \geqslant 10d \cdot b^{2/3} \tag{13-1}$$

式中，$d$——有效焦点尺寸，mm；

$b$——管子外径，mm。

（2）平移距离计算：

$$S_0 = \frac{L_1}{L_2} \times (g + b) \tag{13-2}$$

式中，$L_1$——焦点至管焊缝射线源侧表面距离，mm；

$L_2$——管子直径，mm；

$g$——椭圆成像上下焊缝的间距，mm；

$b$——焊缝宽度，mm。

注意的是在平移距离计算出后要考虑 X 射线倾斜的角度的控制，一般 X 射线倾斜的角度控制在 10°～18° 范围内。

2. 仪器设备和器材准备

X 射线机一台（200 kV 以上）、胶片系统（暗袋、增感屏、胶片）、铅板、铅字、像质计（等径）等。胶片系统和像质计的选用按标准执行。

3. 标记系统要求

底片应提供下述标记，透照实施前应将所用铅标记、像质计准备好。

(1) 学员代号(学号);

(2) 像质计;

(3) 一套标计符号(试件号、厚度);

(4) 照相日期。

不允许有其他信息符号在底片上出现。

## 二、检测操作

1. 透照过程

(1) 将管子按计算好的平移量进行平移。

(2) 应采用背后铅板限制背散射线的影响。

(3) 边缘散射屏蔽

采用铅板对被检管的散射线进行限制,应采取适当措施,屏蔽无用射线和散射线,限制照射场范围。

(4) 射线能量的选择

对于小径管焊缝,为获得较大的宽容度,可适当提高管电压,缩短曝光时间。

(5) 曝光量的选择

应保证适当的曝光量,当焦距改变时,可按曝光曲线的推荐值、平方反比定律对曝光量的进行换算。

(6) 透照布置

本操作要求小口径管采用双壁双影透照布置,采用倾斜透照方式椭圆成像,如图 13-1 所示。

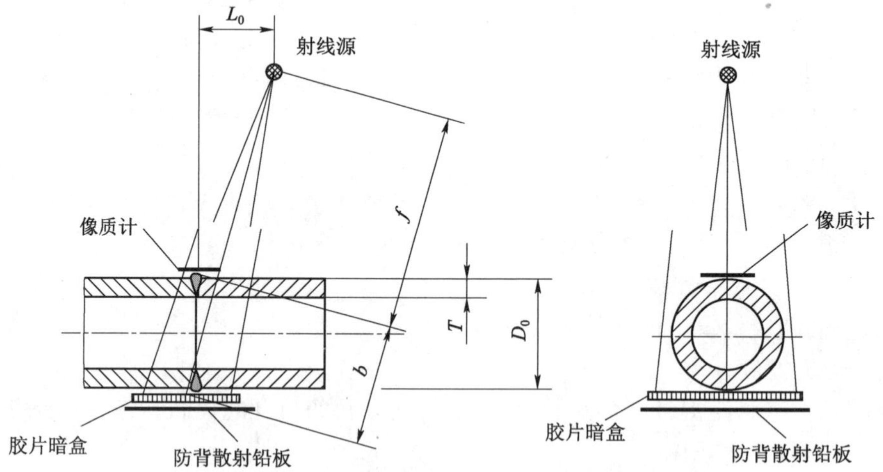


图 13-1 小口径管双壁双影透照布置示意图

2. 暗室处理

(1) 手工处理推荐条件:

显影温度:18～22 ℃,显影时间:5～8 min;

定影温度:16～24 ℃以上,定影时间:10 ～15 min 以上;

冲洗温度:常温,冲洗时间:20～30 min以上。

处理过程中胶片应适当的抖动。

(2) 采用干片机干燥时,按操作说明书操作,操作要正确。

3. 检测条件记录

(1) 试件:名称、编号、规格、材质、透照部位以及草图;

(2) 透照参数:射线检测设备、器材、透照方式、射线能量、曝光量、焦距等;

(3) 试件射线检测质量、验收标准和照像质量等级以及底片质量要求等。

4. 底片评定记录

(1) 要求对所摄底片进行评定和记录:有效评定范围是否覆盖、底片黑度、可观察像质计的线径(指数)、标记位置、有效评定范围内有无影响评定的各类伪缺陷。

(2) 对缺陷进行定性、定位、定量,并进行记录。

对以上内容进行记录。表11-1为X射线机操作记录表格式。表中,初级工、中级工不要求评定底片的级别。

# 第十四章　射线检测底片评定操作

射线检测底片评定，是射线检测人员的一项基本技能。为正确评定底片，射线检测人员需综合运用射线检测、焊接、材料等知识，认真识别并分析底片上的各种影像，并正确理解验收标准的条款，才能得到正确的结论。

## 一、评片前的准备工作

1. 适应环境

评片室内一般要求光线柔和偏暗。评片人员如从明亮的环境进入评片室，需让眼睛适应几分钟之后再适应开始评片工作。

2. 设备和器材准备

检查观片灯，观片灯应处于良好状态。熟悉观片灯的亮度调节旋钮和观片窗口调节方式。

准备好评片尺、放大镜、记录笔、记录单。

## 二、评片操作

1. 整理需评定的底片

对需要评定的底片，根据编号按次序整理好。

2. 通览底片

通览底片，观察焊缝及其两侧的热影响区，对这两部分区域，都应仔细观察。获得焊接接头质量总体印象，找出需要分析研究的可疑影像。初步判断底片灵敏度是否达到要求，评定区黑度是否满足要求，核查标识是否正确，并可判断以下信息。

(1) 判断焊缝的焊接方法

焊接方法：手工电弧焊、手工钨极氩弧焊、自动埋弧焊、自动钨极氩弧焊等。各焊接方法形成焊缝的影像各有特点。

1) 手工电弧焊：影像中明显可见焊条摆动时的运条波纹。表面成形不光滑。

2) 手工钨极氩弧焊：又称非熔化极氩弧焊，是采用光丝焊，焊丝摆动速度低于手工电弧焊，表面成形光滑，运条波纹明显少于电弧焊。

3) 自动埋弧焊(含自动钨氩弧焊)：影像成形规正、表面光滑，无手工电弧焊的运条波纹，但下坡焊有熔敷金属的铁水流线纹。

不同方法焊缝影像特点如图 14-1 所示。

(2) 判断焊接位置

板焊缝分为平焊、立焊、横焊和仰焊。管环缝可分为水平转动焊，水平固定焊和垂直固定焊。水平固定焊又称为全位置焊。

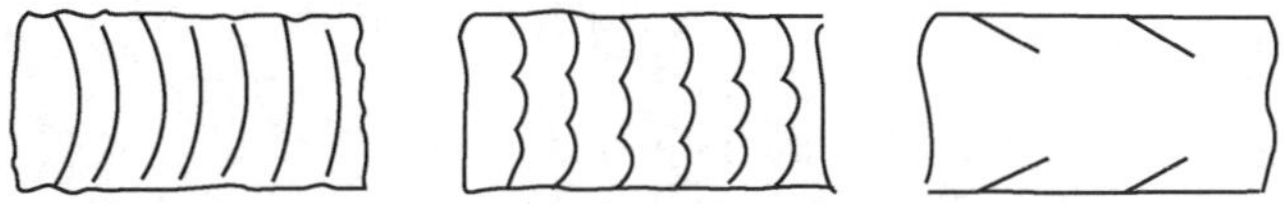


图 14-1 不同方法焊缝影像特点

1）平焊：手工平焊影像明显可见的均匀细称的焊条运行波纹，成形较规正，其波纹图形如同水的波纹一样。

2）立焊：手工立焊影像明显可见鱼鳞状三角波纹，有时呈三角沟槽，成形较规正。

3）横焊：手工横焊影像明显可见焊道与焊道之间的沟槽，横焊时，焊条不上下摆动，故无运条的波纹。

4）仰焊：手工仰焊，由于焊条摆动方式与平、立、横均不相同，其影像无平、立、横的运条波纹，如同许多个圆饼形纹组成的焊缝影像，黑度不均匀，若其背面为平焊缝，则还可见不太明显的平焊波纹。如图 14-2 所示。

5）水平转动焊工：其影像明显可见平焊水波纹特征。

6）水平固定焊：又称全位置焊，其影像既具有平焊特征，又有立焊和仰焊影像特征。表面成形不太规正。

7）垂直固定焊：该焊缝全部为横焊，故其影像具有横焊影像特征。

不同焊接位置焊缝影像特点见图 14-2。

图 14-2 不同焊接位置焊缝影像特点

（3）判断焊接型式

焊接型式分为双面焊、单面焊、加垫板的单面焊。

（4）确定评定区范围

评定区其长度为两搭接标记（或有效区段标记）之间的距离，宽度是焊缝本身加上焊缝两侧 5 mm 的区域。因结构或焊接方法等原因需要增大焊缝两侧评定的宽度，评定范围的宽度由合同各方商定。

（5）确定焊接方向和焊缝成像的投影状态

依据焊缝波纹判断焊接走向和结晶方向，查出起弧和收弧位置。依据焊趾线的位置确定焊缝成像的投影状态，即垂直透照和倾斜透照。依据焊趾线间距来分清焊缝的表面和背面（或根部）的位置。

3. 影像细节观察

通览底片后，对需要分析评价的可疑影像逐个认真观察，为尽可能看清细节，常采用下列方法：① 调节观片灯亮度，寻找最适合观察的透过光强；② 用纸框等物体遮挡住细节部位邻近区域的透过光线；③ 使用放大镜进行观察；④ 移动底片，不断改变观察距离和角度。

(1) 观察影像的特征

根据影像的形态、几何尺寸、轮廓、黑度等确定缺陷性质。

1) 观察影像的位置:依据影像的位置,依据坡口型式及尺寸,并按照投影状态(垂直透照、倾斜透照),分析推测缺陷在焊缝中所处的位置(如根部、坡口上,还是表面等),依此确定性质。

2) 研究影像的走向(延伸方向):根据焊接工艺因素和冶金因素,可知缺陷的走向(延伸方向)是有一定规律的,如未熔合、未焊透是顺沿焊缝成形方向(即纵向)延伸的,热裂纹、虫状气孔总是沿焊缝结晶方向延伸,针孔总是在焊缝中间并垂直轴线(即处在柱状结晶晶界缩孔),咬边总是在焊趾线上,并中断焊趾线等。

3) 影像形态细节特征分析:如裂纹的尖端和锯齿特征,未焊透线两面侧的直边具有钝边加工痕迹特征,坡口未熔合靠母材侧具有直线状(钝边加工痕迹)特征等。

4) 结合以上判断影像是内部缺陷,还是表面形状缺陷,或非缺陷影像(伪缺陷)。

(2) 缺陷实际尺寸的确定

缺陷平面尺寸(长和宽)的测定,以及缺陷位置的测定。

4. 级别评定

根据 NB/T 47013.2—2015 中验收标准的要求,判断底片的级别。

5. 底片评定记录

底片评定记录表的格式见表 14-1。

**表 14-1　底片评定记录表的格式**

评片袋编号________　起始时间____________　分数________

| 一、评片 | | | | | | | | | | 评定标准： | | |
|---|---|---|---|---|---|---|---|---|---|---|---|---|
| 底片编号 | 厚度 | 焊接方式 | | | 施焊位置 | | | | | 缺陷定性、定量及定位（图示） | 评定等级 | 得分 |
| | | 手工电弧焊 | 氩弧焊 | 自动焊 | 平焊 | 立焊 | 横焊 | 仰焊 | 全位置 | | | |
| 1 | | | | | | | | | | 标记侧 → | | |
| 2 | | | | | | | | | | 标记侧 → | | |
| 3 | | | | | | | | | | 标记侧 → | | |
| 4 | | | | | | | | | | 标记侧 → | | |
| 5 | | | | | | | | | | 标记侧 → | | |
| 6 | | | | | | | | | | 标记侧 → | | |
| 7 | | | | | | | | | | 标记侧 → | | |
| 8 | | | | | | | | | | 标记侧 → | | |
| 9 | | | | | | | | | | 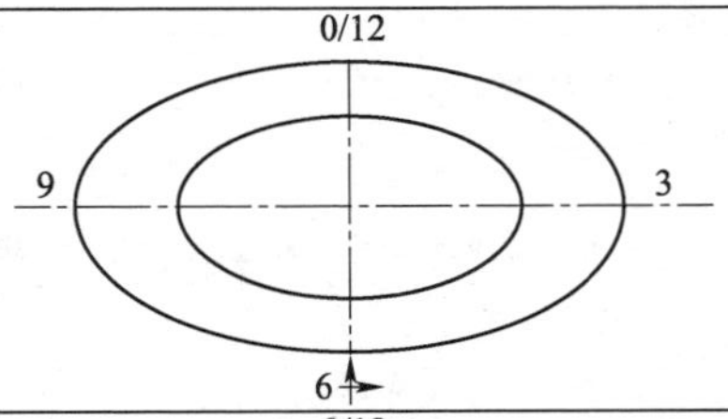  | | |
| 10 | | | | | | | | | | 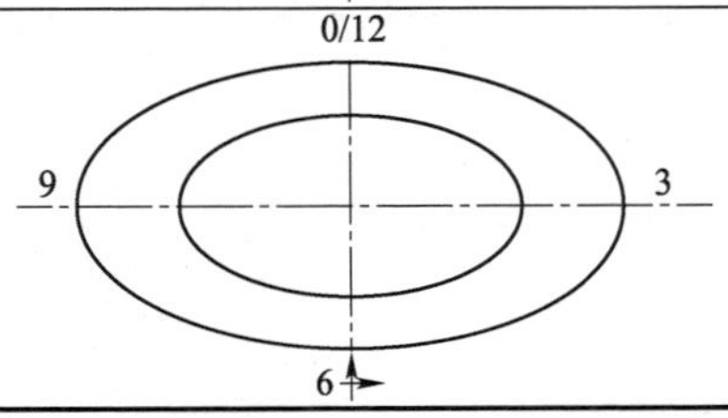  | | |

**填表说明：**

A. “焊接方式”及“施焊位置”栏：在相应栏目打√；

B. “缺陷定性、定量及定位(图示)”栏：缺陷性质代码，A-裂纹、B-未熔合、C-未焊透、D-条渣或条孔、E-圆形缺陷、F-内凹、G-咬边，缺陷定位以底片标记侧为零位；对于密集性圆形缺陷，定量时标注小于等于Ⅲ级的点数。

**记录表填写示例：**

某一在平焊位置的手工电弧焊焊接接头的底片(编号 1)上，距底片标记侧 45 mm 处有一裂纹，长度为 6 mm；距底片标记侧 143 mm 处的评定区内有 Φ2 的圆形缺陷 2 个，Φ1 的圆形缺陷 1 个；距底片标记侧 210 mm 处有一未熔合，长度 7 mm。

又一规格为 Φ42×4 的管道焊接接头，采用全位置形式的氩弧焊，其底片(编号 2)上，发现一未焊透，距射源侧中心位置顺时针 3 点～6 点之间，长度为 4 mm。

上述两张底片的评定记录应按如下格式填写：

| 底片编号 | 厚度 | 焊接方式 | | | 施焊位置 | | | | | 缺陷定性、定量及定位(图示) | 评定等级 | 得分 |
|---|---|---|---|---|---|---|---|---|---|---|---|---|
| | | 手工电弧焊 | 氩弧焊 | 自动焊 | 平焊 | 立焊 | 横焊 | 仰焊 | 全位置 | | | |
| 1 | 20 | √ | | | √ | | | | |   | Ⅳ | |
| 2 | 4 | | √ | | | | | | √ | 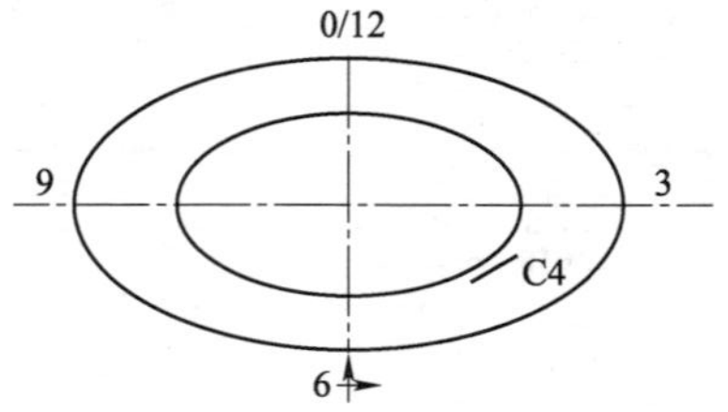  | Ⅳ | |

# 第三部分　核燃料元件射线检测操作

# 第十五章　核燃料元件X射线检测操作技能

**学习目标：**通过本章学习，使学员掌握核燃料元件燃料棒环焊缝、焊点，燃料棒内二氧化铀芯块和相关棒填装芯体的 X 射线检测方法，掌握检测器材操作、检测要求、底片评定和检测报告的编写。

初级工：掌握燃料棒焊缝的检测。

中级工：掌握燃料棒焊缝的检测和棒内二氧化铀芯体的检测及工艺卡的编制。

高级工：掌握燃料棒焊缝的检测和棒内芯体的检测以及工艺卡、检测报告的编制，同时掌握底片的评定方法。

技师：掌握全部内容以及编制工艺规程。

高级技师：在技师的基础上还需要能编制检测标准、检测规范。

## 第一节　概　述

### 一、燃料棒焊缝的X射线检测

1. 燃料棒的结构

燃料棒是构成燃料组件的核心部件。燃料棒由包壳管、上端塞、下端塞、二氧化铀芯块和压紧弹簧构成。结构如图 15-1。

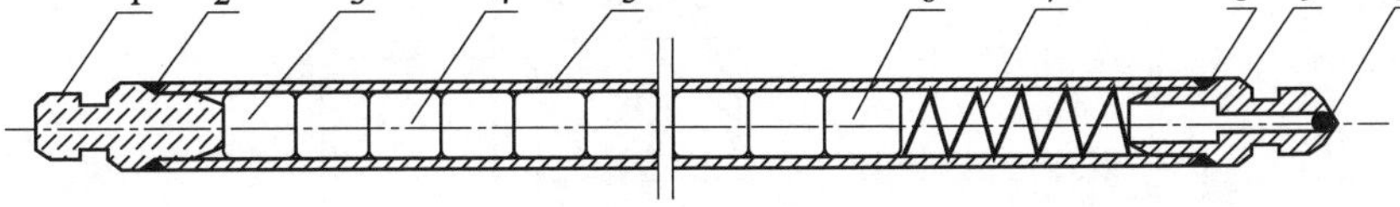


图 15-1　燃料棒结构示意图

1—下端塞；2—下端环焊缝；3、6—隔热块；4—芯块；5—包壳管；7—弹簧；8—上端环焊缝；9—上端塞；10—密封焊点

2. 焊缝检测部位

下端塞与包壳管、上端塞与包壳管焊接后形成的焊缝需要无损检测确定焊缝内部的质量状态，是否存在缺陷。目前使用的无损检测方法是 X 射线照相法检测焊缝内部缺陷。同

时上端塞的轴向加工有充氦孔，充氦孔密封焊接前通过小孔注入氦气，充氦孔密封焊接后同样需要X射线照相法检测焊点的内部缺陷。燃料棒需要检测的部位为图15-1中的下端环焊缝2和上端环焊缝8，以及密封焊点10的检测。

## 二、棒内芯体的X射线检测

1. 燃料棒内二氧化铀芯块的检测

由于运输和其他原因需要确定燃料棒内部的二氧化铀芯块的完整性，无损检测方法是用X射线照相法来确定芯块是否有掉角和破损。

2. 相关棒的检测

相关棒是控制棒、可燃毒物棒、中子源棒的简称。相关棒的包壳材质与燃料棒不同，但是相关棒的环焊缝的检测方法与燃料棒的环焊缝检测方法一致。相关棒的检测除了检测相关棒的环焊缝外，生产过程中还需要检测相关棒内部填装芯体的状态，也需要使用X射线透照法进行检测。

# 第二节　操作技能

## 一、燃料棒环形焊缝及密封焊点X射线检测

1. 燃料棒环形焊缝的焊接方式

目前燃料棒的环形焊缝的焊接大多采用电子束焊、钨极气体保护焊（TIG）和其他有效焊接方式。电子束焊接时利用空间定向高速运动的电子束，在撞击工件后将部分动能转化为热能，从而使被焊工件熔化，形成焊缝。TIG焊是在氦气或者氩气的保护下利用钨极和工件产生电弧的热量熔化金属而形成焊缝。密封焊点的焊接全部使用TIG焊。

2. 燃料棒焊缝的检测方法

燃料棒是棒状工件，特点是棒直径小，例如AFA3G燃料棒直径理论值只有9.69 mm，其焊缝为环形和点状，如图15-2所示，图中2、4为环焊缝，环焊缝特点是较窄，堵孔焊点3，特点是较小且呈现圆弧状。

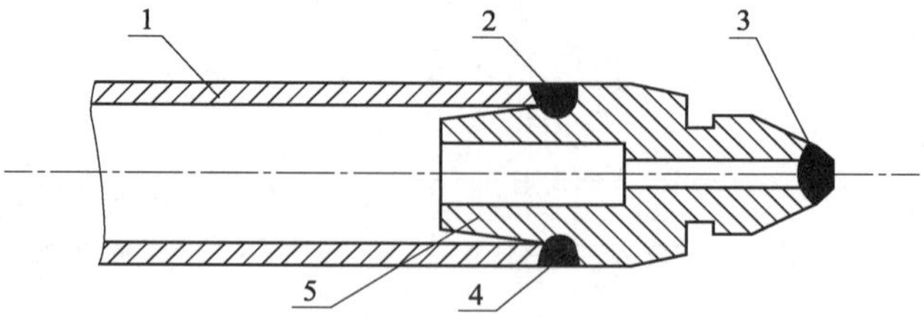


图15-2　焊缝位置图

1—管壁；2—环焊缝；3—密封焊点；4—环焊缝；5—端塞

（1）直接透照法检测

焊缝检测如果采用X射线直接透照法，从图15-3中可以看出，当射线穿过环形焊缝时，在X射线透照方向上透照厚度不一致，厚度从零（B点）到棒的直径（A点）之间变化，并且棒

与棒之间、焊点和焊点之间有散射线存在。为了使环焊缝在一定的透照厚度范围内透照，必须转动燃料棒，在一定的透照厚度范围内分几次把环形焊缝透照完毕。采用这种方式透照效率低，并且底片的黑度不容易控制，对评片人员要求较高。目前只有少数产品采用这种方式透照。

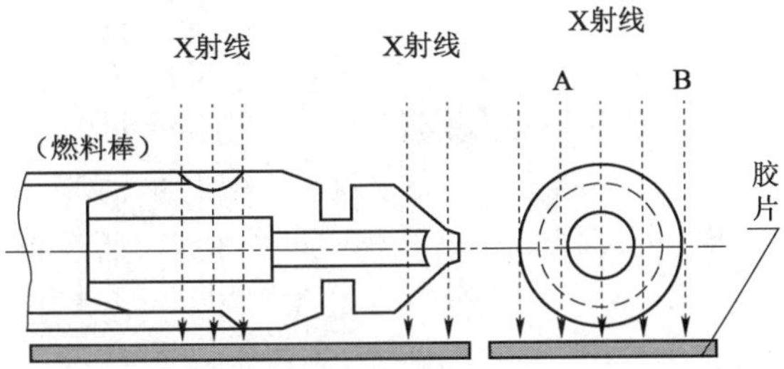


图 15-3　燃料棒直接透照法示意图

（2）全补偿法检测

为了使整个环焊缝透照厚度一致并减少散射线，环焊缝和焊点目前采用全补偿透照法。全补偿法的特点是把不等厚的管子透照变成平板透照。平板透照使得透照厚度一致，并有效的减少了散射线。全补偿法需要使用补偿块，补偿块与燃料棒的材质相同，在补偿块上开孔，孔径的大小与燃料棒的直径一致。透照时，燃料棒的焊缝必须全部进入到补偿孔中。为了便于缺陷的检出，补偿法透照过程中还要进行棒的转动，每两次透照之间转动角度，每次转动角度一般为 120°，共透照三次。全补偿法透照示意图如图 15-4 所示。

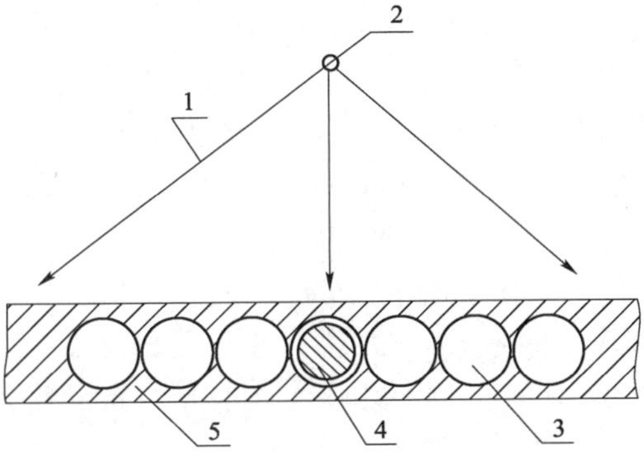


图 15-4　燃料棒补偿法透照示意图

1—射线；2—焦点；3—补偿孔；4—燃料棒；5—补偿块

3. 检测器材的选用

（1）检测设备的选择

X 射线机：最高工作电压为 320 kV。

自动洗片机：显影温度 20° ～30° C 可调，洗片时间 5～14 min 可调。

观片灯：应能观评黑度值为 4.5 的底片。

黑度计：黑度测量范围 0～4.5。

（2）检测器具的选择

补偿块：材质为 Zr−4 或 M5 合金的补偿块。

阶梯孔像质计:材质为 Zr–4 或 M5 合金(孔径根据燃料棒的外径来选用)。

胶片:使用 Agfa D4 或者同性能的其他型号的胶片。

增感屏:使用胶片自带的增感屏。

显、定影液:根据所使用的胶片来选用配方。

带刻度的放大镜。

(3) 补偿块

补偿块在全补偿法透照中的作用是使燃料棒环焊缝和密封焊点在 X 射线透照方向上透照厚度一致,减少了散射线,使焊缝中的缺陷在底片上更清晰。补偿块结构示意图如图 15-5。为了提高检测效率,棒环焊缝和堵孔焊点同时检测,所以补偿块的形状是完全按照燃料棒和端塞的形状设计的。

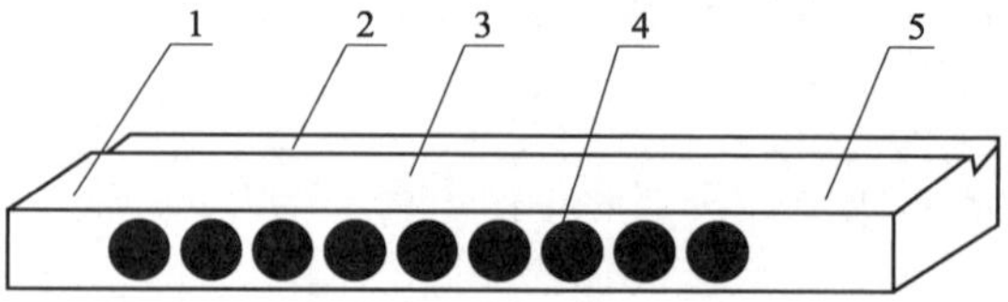


图 15-5 补偿块结构示意图

1—像质计位置;2—棒顺序号位置;3—补偿区域;4—补偿孔;5—标识位置

1) 补偿块材质

补偿块所用的材质必须与燃料棒包壳管以及端塞的材质一致。并经过无损检测合格。质量要求是补偿块的上下表面光滑,无划伤,无变形。

2) 补偿块孔径和补偿块厚度

补偿块的孔径需比燃料棒的外径大,制作时需按照国标要求加工孔径,孔径过大或者过小都达不到良好的检测效果。为了提高检测灵敏度,补偿块的厚度应尽可能的小,但又要保证补偿块的强度。

3) 补偿块宽度和长度

补偿块的宽度要考虑几个因素,一个是燃料棒焊缝的宽度,燃料棒的序列号的宽度,同时检测时要检测弹簧的状态,因此宽度不能太小。补偿块的长度需要考虑一次透照的燃料棒数量,标识区大小,以及像质计的宽度。

(4) 像质计

像质计是用来检测和定量评价射线照相影像质量的工具。燃料棒的检测使用的是阶梯孔型像质计。

1) 像质计材质

像质计采用与被检测的燃料棒包壳管的相同的材质制作。目前使用的是 Zr–4 或者 M5 材质。

2) 像质计结构

阶梯孔像质计的基本结构是在不同厚度的阶梯块上加工直径等于阶梯厚度的通孔,孔边垂直于阶梯表面,不做倒角。燃料棒检测使用的是矩形阶梯孔像质计,阶梯级数是 3 级,像质计的示意图见图 15-6。

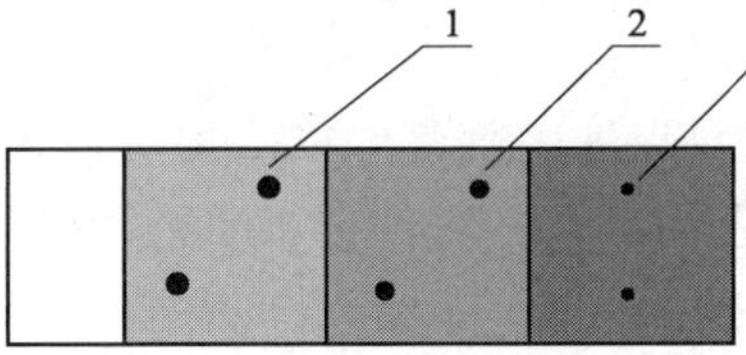


图 15-6 像质计示意图

1—$\Phi$0.4 mm 像质计孔；2—$\Phi$0.32 mm 像质计孔；3—$\Phi$0.25 mm 像质计孔

4. 透照参数的选择

燃料棒焊缝采用补偿法进行透照，在保证 X 射线穿透透照厚度的前提下，尽量选择较低的管电压，以提高检测灵敏度，一般情况在 200 kV 左右选择。

曝光量的选择，在工艺鉴定过程中可以有两种选择方式，对于额定功率小的 X 射线机，管电流可作为固定参数，曝光时间作为可变参数，工作中尽量使用较短的曝光时间，以此来提高检测效率。另一种方式是曝光量固定，管电流和曝光时间可调。焦点的选择，对于 X 射线检测燃料棒焊缝，为了提高检测灵敏度，理想状态是选用小焦点，但为了提高检测效率，一般情况下选择使用大焦点。焦距的选择，根据国标的规定，透照厚度比为 $K$，燃料棒的焊缝检测为 B 级，B 级焊缝透照时 $K$ 值一般不大于 1.01，根据每次透照的燃料棒数量一般取焦距为 1 000 mm。

5. 检测步骤

(1) 透照

1) 透照前检查工作现场是否有异常，检查水、电、气开关。按照设备操作规程开启 X 射线机，并对 X 光机进行训机，使 X 光机进入工作状态。标识的摆放，标识包括透照燃料棒的批次、透照日期。像质计固定粘贴在补偿块上，并检查是否贴紧，粘贴位置在补偿块的两侧(透照灵敏度最差的部位)，并且是粘贴在源侧。

2) 胶片暗袋的放置，暗袋放置在补偿块上方的移动小车内，并用试块压紧。

3) 放置胶片的小车移动到第一透照位。

4) 待检燃料棒的检查，检查待检产品是否有异常，准备好待检产品，摆放到检测位置。在中控系统中输入燃料棒检测信息。

5) 燃料棒进入到补偿块，检查燃料棒是否完全进入到补偿块中，关闭铅门。

6) 按照工艺卡选择透照参数，设置电压、管电流和透照时间，加高压进行第一次透照。

7) 第一次透照完成后，胶片小车移动到第二透照位，按搓动装置按钮燃料棒转动 120°，检查棒是否转动到位。检查无异常后加高压进行第二次透照。

8) 第二次透照完后，胶片小车移动到第三透照位，按搓动装置按钮燃料棒转动 120°，检查棒是否转动到位，正常后加高压进行第三次透照。

9) 打开铅室门，取出胶片暗袋，燃料棒退出补偿块，进行下一批燃料棒的透照准备。

10) 胶片暗室处理。

(2) 底片评定条件

底片评定的前提是可见规定像质计孔的影像，一般情况是可见像质计中间一排孔的影像。底片标识号齐全正确，焊缝区无影响底片评定的伪缺陷和划伤，底片的黑度符合参数卡的要求。

(3) 燃料棒验收标准

燃料棒的环焊缝验收标准为:焊缝内部气胀或未焊透造成的剩余壁厚不小于包壳管最小理论壁厚的 90%,不能有可见的熔深缺陷和局部可见的缺陷,与上端塞接触的弹簧无异常,并且弹簧和端塞的接触处无异常,没有其他异常缺陷。如果不符合上述标准燃料棒判为返修。

密封焊点的验收标准为:焊点区域不能有夹钨,焊点熔深必须大于技术条件要求,不允许未焊透和明显的局部缺陷,不允许焊点中的钨熔入,焊点有其他明显的局部缺陷也必须把燃料棒判为返修。

6. 焊接缺陷的种类和底片的评定

(1) 缺陷代码

燃料棒焊接过程会出现各种缺陷,表 15-1 列出了焊接过程出现的主要缺陷。对于气胀缺陷不会出现在堵孔焊点内部,端塞缺陷指的是原始端塞缺陷或者焊接后导致端塞外观发生变化出现的缺陷。

燃料棒上、下端塞的结构如图 15-7 所示,上、下端环焊缝出现的缺陷种类基本一致。环形焊缝内部容易出现的缺陷有气孔、气胀、未焊透和夹钨等,可能出现的还有弹簧异常,端塞异常、芯块掉角等其他缺陷。如果在焊接过程中由于焊接能量过大或者焊接时对中性较差,可能会造成弹簧熔化的缺陷,弹簧熔化后端塞和弹簧接触处变形,所以在评片时应关注弹簧与端塞接触的区域。也可能出现棒的焊缝外表面缺陷影像,其他任何异常的缺陷在评片过程中都应关注。如果出现其他异常缺陷首先应查明原因,隔离产品,防止缺陷的漏判。

**表 15-1 燃料棒焊缝缺陷代码表**

| 缺陷 | 下端环缝 | 上端环缝 | 堵孔点 |
|---|---|---|---|
| 气孔 | PSI | PSS | PSQ |
| 气胀 | UTI | UTS | 无 |
| 未焊透 | ESI | ESS | PSQ |
| 夹钨 | TSI | TSS | TSQ |
| 重拍 | RXI | RXS | RXQ |
| 端塞缺陷 | EBI | EBS | 无 |

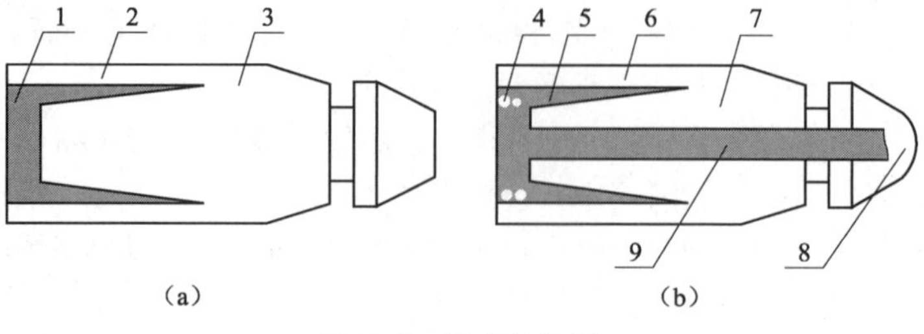


图 15-7 端塞结构图

(a) 下端塞结构; (b) 上端塞结构

1—空腔;2—包壳管;3—下端塞;4—弹簧;5—空腔;6—包壳管;7—上端塞;8—密封焊焊点;9—充氦孔

(2) 底片评定

1) 缺陷的影像特征

未焊透缺陷出现在焊缝中心位置,轻微的环形未焊透的特点是如图 15-8,在焊缝中心对称位置出现点状直线,底片上焊缝中间位置没有影像。局部未焊透只在管子一侧出现点状影像。未焊透越严重,点状直线的黑度值越大,只有严重的环形未焊透是贯穿焊缝中心的细直线,影像特征如图 15-14。

图 15-9 是焊缝气孔缺陷,出现位置在焊接的热影响区内,有单个气孔、密集气孔、链状气孔。单个气孔出现的几率较大,一般为球状气孔,在底片上影像的中间位置黑度较大,边缘黑度较小,轮廓不清晰。密集气孔和链状气孔出现的几率较小。气孔的影像随着燃料棒的转动位置会左右改变,但是影像位置上下变动则不能确定为气孔。

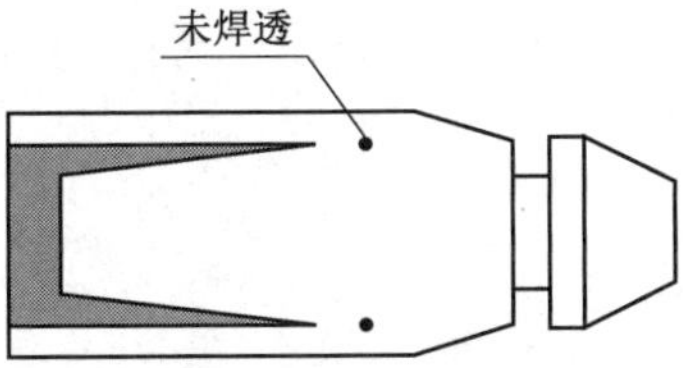

图 15-8　未焊透缺陷

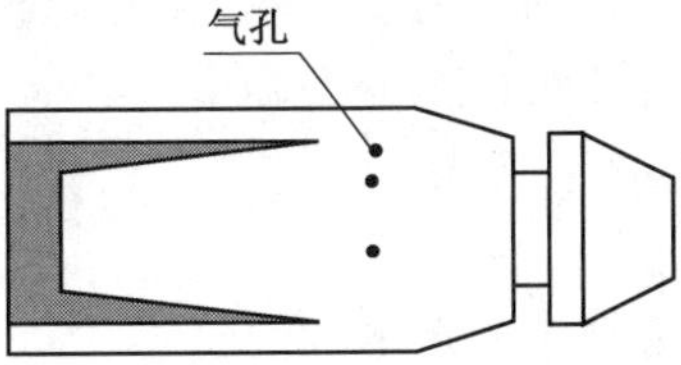

图 15-9　气孔缺陷

燃料棒的气胀缺陷影像如图 15-10,它在焊缝靠近管子一侧热影响区产生,在底片上为片状或小月牙状黑色影像。轻微气胀出现的几率较大,轻微环形气胀在底片上出现对称的黑色缝隙,局部气胀只在管壁内一侧出现黑色缝隙(图 15-11),轻微局部气胀在三张底片上可能只有一个角度能出现。由于气胀会导致包壳管壁厚减薄,一般减薄量不能超过包壳管理论壁厚的 10%。严重的环形气胀在焊缝中较少出现,影像呈现条带状,中间部位影像较淡,两边影像黑度较大。

燃料棒堵孔密封焊接时,有可能钨极粘连到焊点上,导致焊点形状不规则且夹钨,影像特点是焊点不圆滑,且有高亮点出现,如图 15-15。焊点气孔在焊接中容易出现,如图 15-13 所示,评判的标准是气孔的外延到焊点外侧的最短距离大于技术条件规定焊点的熔深值,小于熔深值则判返修。

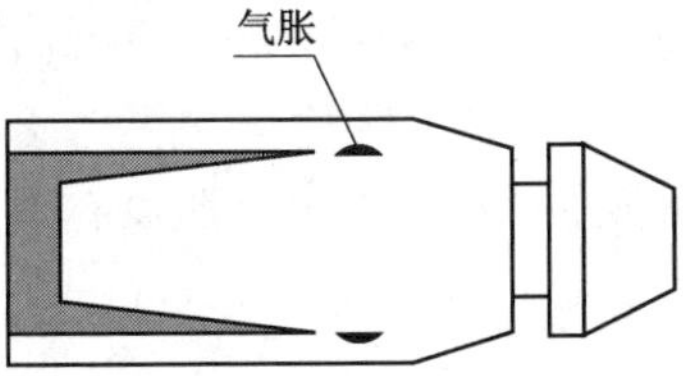

图 15-10　环形气胀缺陷

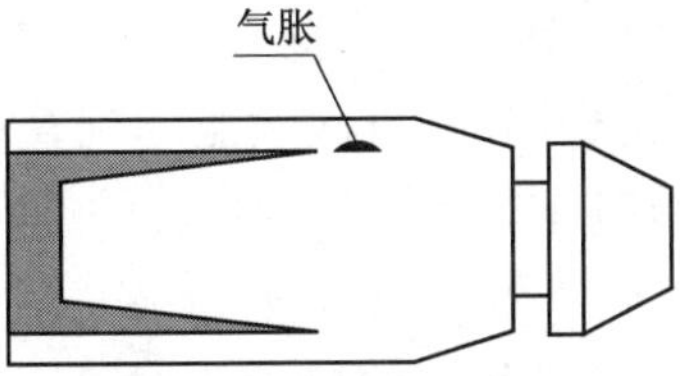

图 15-11　局部气胀缺陷

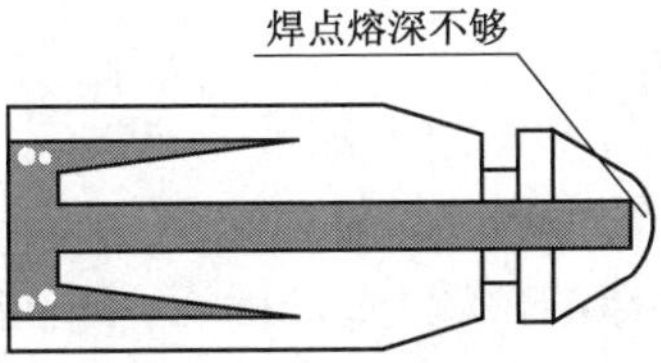

图 15-12　焊点熔深缺陷

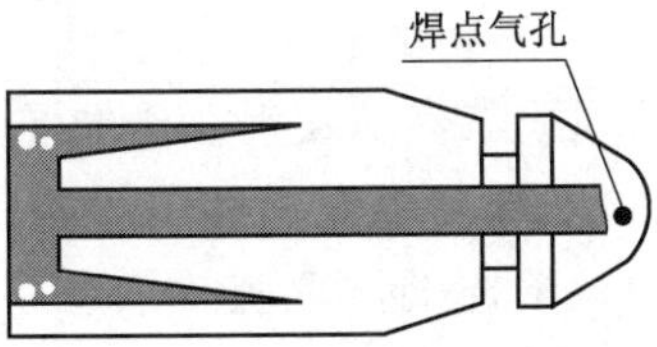

图 15-13　焊点气孔

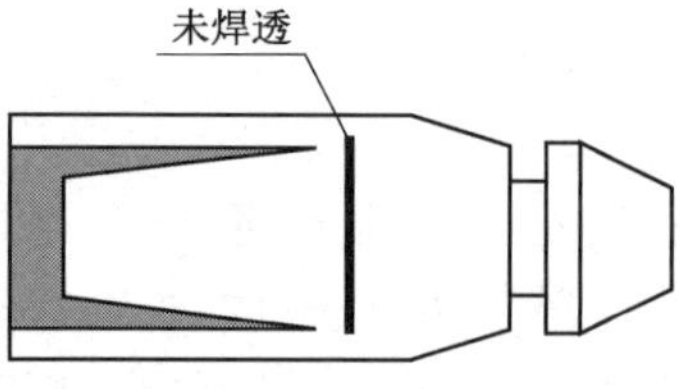


图 15-14 环形未焊透

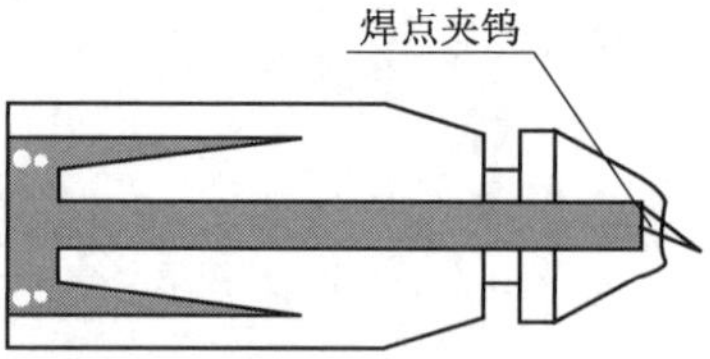


图 15-15 焊点夹钨

焊点熔深不够影像特征如图 15-12,直接测量充氦孔未被金属填充处到圆弧焊点最外侧的距离,大于技术条件规定的熔深值则合格。

2) 底片评定使用的器材

评片灯采用可调亮度,应能观评黑度值为 4.5 的底片。

放大镜:带刻度的放大镜,放大倍数为 10 倍。

黑度计:读数精度为±0.02。

记号笔

直尺

3) 底片评定的基本方法

在底片评定前首先对实物进行观察或者检查,底片的评定人员往往不是工件的透照人员,对被检工件外观不清楚。工件的外观会全部呈现在底片上,有很多因素不利于评片人员作出判断。对工件外观有大致的了解有助于底片的正确和快速评定。

底片的评定各人有各自的方法,具体怎么评没有具体的规定,无论怎样评定最终给出正确的结论是主要的,并且最好每个人能建立自己的评片顺序,无论任何情况都按照这个顺序评定,防止出现误判和漏判。

底片评定前先通览底片,把评定范围内的影像大致看一遍,如果有明显的缺陷先用专用记号笔做标记。

在进行燃料棒焊缝评定时最好先定评定顺序,并养成习惯。比如每次评 5 支燃料棒的环焊缝,三次影像全部逐一看完,按照这个次序分段看完整张底片的环焊缝。环焊缝评完后看密封焊点,密封焊点可以一次性看完,不需要分段,但是要从头到尾看三次焊点的影像。看完焊点,最后评定燃料棒的芯块与端塞的接触区域和弹簧与端塞的接触区域,一般只看三次影像中的两次即可。最后在做一次底片的通览,通览的目的是看有无其他异常,由于底片上的影像全部是相同的,再次通览起到查缺补漏的作用。对于底片上的影像不能定性有疑问时或者有伪缺陷时,需要对有疑问的燃料棒再次透照,如果第二次透照没有缺陷则燃料棒合格,仍然出现缺陷影像则判为返修。

7. 异常、故障处理与缺陷产品处理

检测过程中设备出现异常,判断是射线机异常还是检测装置辅助设备异常,判断简单的射线机故障,修复后并调试射线机。

检测装置出现故障容易发生在棒的搓动装置、胶片小车故障和其他异常。

底片评定后,根据底片上的检测信息分析出焊接状态,并形成详细检测信息反馈给焊接人员。

按照底片中缺陷棒的位置查找信息系统中燃料棒的位置,做好标记,挑选缺陷燃料棒,挑选出的产品按照缺陷种类隔离存放,并做好标识。

## 二、棒内芯体的 X 射线检测

1. 燃料棒内二氧化铀芯块的 X 射线检测

检测二氧化铀芯块的目的是检测芯块的完整性。在选择透照参数时需要选择高电压，低电压的射线不容易穿透二氧化铀芯块。由于选择了高电压，根据射线机的额定功率选择合适的管电流，曝光时间不要求太长，不超过两分钟。透照过程要求射线源的几何不清晰度不超过 0.06 mm，并且射线机的照射场足够大。要求每支燃料棒透照两个角度，第一次透照后，转动 90°角，透照第二次。二氧化铀芯块透照场布置及透照方法如图 15-16，相关棒芯体的透照场布置和检测方法与二氧化铀检测一致。

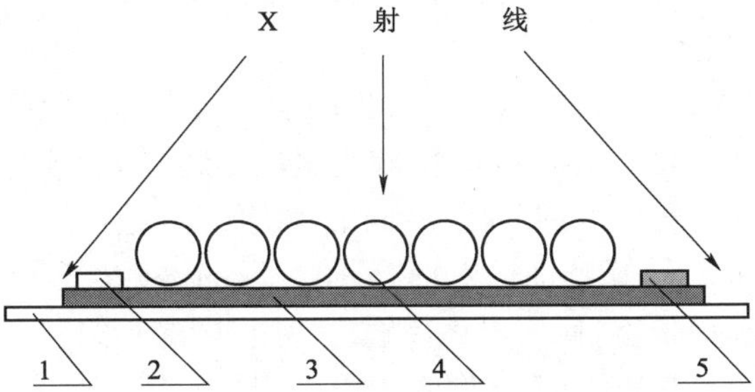


图 15-16　二氧化铀芯体透照布置

1—检测平台；2—挤紧试块；3—胶片暗袋；4—待检测棒；5—标识

(1) 几何不清晰度

1) 几何不清晰度的概念

由于我们使用的射线源具有一定的尺寸，而不是点源，当透照一定厚度的工件时，按照投影成像原理，会在底片上产生本影和半影。半影区即影像边界的扩展或过渡区。半影的宽度就是几何不清晰度 UG。根据定义可知几何不清晰度越小，影像越清晰。

2) 几何不清晰度的计算

$$U_g = l \cdot s/(f - s) \tag{15-1}$$

$U_g$—几何不清晰度，mm；

$l$—X 射线管焦点的对角线长度，mm；

$f$—焦距，mm；

$s$—工件上表面至胶片的距离，mm。

(2) 射线检测设备和器材的选用

X 射线机：最高工作电压为 320 kV，焦点为 4 mm；

自动洗片机：显影温度 20～30 ℃可调，洗片时间 5～14 min 可调；

观片灯：应能观评黑度值为 4.5 的底片；

黑度计：黑度测量范围 0～4.5；

胶片：Agfa D4 或者同性能的其他型号的胶片；

增感屏：使用铅箔增感屏或者胶片自带的增感屏；

游标卡尺

记号笔

显、定影液：根据所使用的胶片来选用配方，可以人工冲洗胶片或者使用自动胶片处理机。

（3）检测步骤

1）透照前检查工作现场是否有异常，准备好透照场，检查水、电、气开关。按照设备操作规程开启X射线机，并对X光机进行训机，使X光机进入工作状态。待检燃料棒的检查，检查待检查品是否有异常，准备好待检产品，摆放到检测位置。暗袋摆放、标识粘贴和摆放，标识包括透照燃料棒的批次、透照日期。并检查标识是否贴紧在试块上，试块放置在燃料棒的两侧；

2）燃料棒摆放（燃料棒一次透照不超过20支，每次透照长度在150 mm到200 mm）在透照场中心，燃料棒两端用铅块挤紧，防止燃料棒之间空隙过大影响影像的质量。使用卡尺测量一次透照的尺寸，画好第一段透照的标识线，粘贴好搭接标记；

3）使用铅板屏蔽散射线；

4）关闭铅门，设置透照参数，根据X射线机的额定功率选择较高电压，一般选择250 kV左右，电流不超过射线机的额定功率来选择，曝光时间不超过2分钟；

5）加高压进行第一次透照，透照完成后取出暗袋；

6）第一段透照完成后做好搭接标识，测量第二段的透照长度，燃料棒的第二次透照位置放置在透照场中心，放置暗袋，换好标识，重复上述步骤进行第二段透照，全长透照过程中必须做好每段的标记，共需要透照25次左右；

7）在第一次透照时用记号笔做好角度标识，透照过程中不能改变燃料棒的角度，在第一个角度透照完成后，每支燃料棒转动90°用记号笔做好标记；

8）放好暗袋和标识进行第二个角度透照，每段透照完后做好标记，按段进行全部透照；

9）胶片冲洗。

（4）底片评定及缺陷产品处理

底片评定前按照透照顺序整理好底片，检查是否底片齐全。评定时观察棒内芯块有无破损，是否有异物装入了燃料棒，零部件的排列是否符合图纸的规定。如果燃料棒中的芯块有破损，底片上的影像中的芯块上有裂纹样的图像，掉角的芯块直接可见芯块不完整。

评片过程有上述缺陷，在记录中记录相应燃料棒的编号，并记录缺陷芯块在棒中的具体位置，做好标记，挑选缺陷燃料棒，挑选出的产品按照缺陷种类隔离存放，并做好标识。最终在检测报告中描述透照及检测结果的情况。

2. 相关棒芯体X射线检测

相关棒包括制造控制组件的控制棒，制造可燃毒物组件的可燃毒物棒，制造二次中子组件的中子源棒。相关棒与燃料棒的焊接方法类似，同样有环焊缝和密封焊点，检测方法和燃料棒的检测基本相同。区别是材质不同，相关棒的包壳材质是不锈钢，使用的补偿块和像质计必须选用不锈钢的材质，检测参数也使用检测不锈钢的参数。检测使用的其他器材基本相同，检测步骤一致。

由于相关棒包壳管与端塞焊接前装入了相应的芯体，在焊接完成后需要检测内部芯体的状态，确认芯体填装的正确性以及填装的位置是否正确。控制棒内装入了银铟镉芯体，银铟镉芯体有防错装标记，检测必须明确银铟镉防错标记是否都在棒的同一个部位，还需要检测银铟镉芯体与下端塞的接触是否正常。中子源棒内装入了锑铍芯块，检测必须明确芯块之间的间隙，芯块是否都处于棒的底部。可燃毒物棒内装入了内衬管及硼硅玻璃管，检测必须明确棒内装入了硼硅玻璃管和内衬管,检测硼硅玻璃管是否完好。

(1) 相关棒检测参数及检测器材的选择

透照电压的选择按照薄壁不锈钢管的检测来选择,管电流适合选择大电流,曝光时间可以选择较短的时间,提高检测速度。X 射线机最高工作电压为 320 kV,胶片使用 AGFA D4 或者同性能的其他型号的胶片,增感屏使用铅箔增感屏。黑度计和观片灯的选用与燃料棒焊缝检测使用的一致。显、定影液的使用根据所使用的胶片来选用配方,可以人工冲洗胶片或者使用自动胶片处理机。

(2) 检测步骤

1) 先进行被检测棒外观检查,无异常后,标识粘贴在试块上,标识包括日期、被检棒的流通卡号;

2) 暗袋压紧后摆放在透照场中心位置,使用射线机准直器查看暗袋的位置放置是否在透照场的中心位置;

3) 一次最多检测 25 支控制棒,25 支棒的透照部位放置在暗袋上,粘贴标识的试块放置在 25 支棒的首端或尾端,两端用试块挤紧,使用可擦除的笔在棒上标记透照位置;控制棒的下端塞焊缝应全部在暗袋上且在暗袋的中心位置,使用铅皮屏蔽散射线;

4) 关闭铅门,设置透照参数;

5) 加压进行第一次下端塞与芯体间隙透照,透照完成后取出暗袋;

6) 在距离控制棒上端塞焊缝 100 mm 处布置第二张暗袋,粘贴透照铅字标识;

7) 做好标记,关闭铅门,透照参数不变;

8) 进行第二次银铟镉吸收体防错标记透照;

9) 胶片冲洗。

可燃毒物棒透照时在上端焊缝中心向下 50 mm 处布片,透照参数与控制棒的透照参数一致。中子源棒是检测锑铍芯块柱之间是否存在间隙,按照二氧化铀芯块的检测方式检测锑铍芯块柱全长,每次检测长度 150～200 mm,两次之间做好搭接标记,锑铍芯块柱的检测不需要检测两个角度。检测参数使用检测控制棒的参数。

(3) 相关棒的底片评定及缺陷产品处理

底片评定时,测量控制棒的银铟镉吸收体与下端塞之间的间隙不超过 0.5 mm,吸收体的小直径处于下端塞处。上端塞 100 mm 的底片上有吸收体的防错标记,标记是吸收体上有小缺口。同时满足以上条件,则控制棒合格。对于可燃毒物棒,底片上可见玻璃管和内衬管。二次中子源棒底片上显示锑铍芯块间没有间隙,同时整个锑铍芯块柱位于棒的下端。底片评定过程中如果有缺陷棒,则按照透照记录挑选缺陷棒,隔离存放,并做好记录。

## 三、检测报告、检测标准及检测规范的编制

检测报告的内容包括被检测工件的名称、材质,检测使用的规程及标准,检测方法和技术。检测使用的仪器和主要器材。检测结论说明,检测人员及检测人员的资质等。检测报告的填写时必须准确、真实,不能有任何涂改。

根据燃料棒的检测标准和检测规范,编制其他送检产品的检测标准和检测规范。根据焊接后检测结果分析产生缺陷的原因,能够通过底片反应的信息与焊接人员制定焊接质量改进措施。

# 参考文献

[1] 强天鹏. 射线检测[M]. 北京:中国劳动社会保障出版社,2007.
[2] 全国锅炉压力容器标准化技术委员会. 承压设备无损检测:NB/T 47013—2015[S]. 北京:新华出版社,2015.
[3] 民用核安全设备无损检验人员资格鉴定委员会. 民用核安全设备射线检验技术[R]. 2012.